“科技·社会·哲学”研究论丛

河南师范大学学术专著出版基金
河南省高等学校哲学社会科学创新团队支持计划（2018-CXTD-01） 资助出版

The Role of the Scientific Community in the Knowledge Society

科学共同体在知识社会中的角色

田甲乐／著

科学出版社
北京

内 容 简 介

本书为河南师范大学科技与社会研究所“科技·社会·哲学”研究论丛之一。本书分析了科学知识在社会中形象的演变，认为科学知识自身发展逻辑和社会形势发展共同促进了科学知识走向民主化，研究了科学知识民主的逻辑进路，提出了科学知识民主的功能和限度。科学知识民主的出现，标志着科学共同体面临着一种新的知识生产环境，新的挑战不可避免，科学共同体的共识达成成为一个新的问题。本书最后提出了科学共同体在知识社会和知识民主化情境下应该具有的三种社会角色。

本书是对科学社会学前沿问题的研究，适合科学社会学、科学认识论的研究者阅读参考，也可作为高等院校和科研院所科学技术哲学专业研究生的研究用书，还适合广大对科学、科学共同体感兴趣的读者阅读。

图书在版编目(CIP)数据

科学共同体在知识社会中的角色 / 田甲乐著. —北京：科学出版社，2020.9

（“科技·社会·哲学”研究论丛）

ISBN 978-7-03-065683-4

Ⅰ. ①科… Ⅱ. ①田… Ⅲ. ①科学社会学 Ⅳ. ①G301

中国版本图书馆 CIP 数据核字（2020）第126978号

丛书策划：刘　溪

责任编辑：邹　聪　刘红晋 / 责任校对：韩　杨

责任印制：徐晓晨 / 封面设计：有道文化

科学出版社 出版

北京东黄城根北街 16 号

邮政编码：100717

http://www.sciencep.com

北京建宏印刷有限公司 印刷

科学出版社发行　各地新华书店经销

*

2020 年 9 月第　一　版　开本：720×1000　B5

2021 年 7 月第三次印刷　印张：12 1/4

字数：230 000

定价：85.00元

（如有印装质量问题，我社负责调换）

总序

"'科技·社会·哲学'研究论丛"是河南师范大学科技与社会研究所推出的一系列研究成果。迄今，河南师范大学科技与社会研究所已经有将近四十年的历史。一路走来，筚路蓝缕，实属不易。既需要再度回首，总结经验，汲取教训；更需要目光向前，凝心聚力，砥砺前行。

一、研究所历史沿革

1982年，新乡师范学院（1985年更名为河南师范大学）政治教育系建立了自然辩证法研究室。1986年9月，自然辩证法研究室转出，成立河南师范大学自然辩证法研究所，下设科技哲学、自然科学哲学、科学社会学三个研究室。1994年1月，更名为河南师范大学科技与社会研究所（简称"研究所"）。2005年9月，研究所入选河南省普通高等学校人文社会科学重点研究基地。2018年12月，研究所入选河南省首届高校高端智库联盟理事单位。

研究所平台建设与哲学学科建设、人才培养密不可分。自1984年开始，研究所与中国人民大学、山西大学等高校联合招收培养自然辩证法（科学技术哲学）方向硕士研究生。1994年，研究所获批科技哲学专业硕士学位授予权并开始独立招生，是河南省第一个科技哲学硕士点。至今已累计培养硕士研究生298人（含同等学力申请学位人员68人）。这些毕业生主要就职于高等学校、企业、政府机关等单位，有的成为学界翘楚、知名教授，有的成为公司高管，有的已经走上各级领导岗位。

二、目前主要研究方向

研究所现有专兼职研究人员 25 人，其中教授 7 人、副教授 11 人、讲师 7 人，具有博士学位者 20 人。2000 年以来，研究所成员共主持承担 5 项国家自然科学基金项目、9 项国家社会科学基金项目和 70 多项省部级项目，发表 SSCI、CSSCI 来源期刊及更高级别期刊论文 200 多篇，出版学术专著 20 多部。在多年的学科建设过程中，研究所已经形成以下四个相对稳定的研究方向。

（1）科技发展规律与科技评价研究方向。主要采用科学计量学研究手段和方法研究科学技术发展的宏观规律、微观结构及运行机制，对科技发展规律与机制做动力学揭示、结构性解析、状态和趋势描述，研究科研绩效评价和科技政策，为科技监测与评价、科技决策与科技管理提供理论借鉴和实证依据。

（2）科学技术的社会学研究方向。重视我国科技发展的社会动力、社会功能以及科学共同体行为规范的研究，注重从科学发展的外部机制研究转向科学知识生产的内部机制研究，探讨科技的社会生成机制以及科技因素在和谐社会建设中的基本问题及其解决策略。

（3）科学哲学与科学文化研究方向。既包括科学的元认识论研究，又注重从哲学层面上考察科学、文化在社会发展过程中的互动关系，注重反思科学文化内涵的哲学意蕴，关注政策层面的设计和社会实践的考察。

（4）技术哲学与技术伦理研究方向。密切关注技术发展前沿，在实证研究的基础上，努力构建现代技术伦理框架，打通科技伦理与科技立法，在制度层面规范科学技术的发展。关注企业技术创新动力以及技术成果转化等问题，为促进我国技术健康发展与产业化提供合理建议。

三、丛书出版背景和计划

当今世界，科学技术发展突飞猛进，在社会各个领域产生了深刻影响。科学技术发展与社会融合成为当代社会的发展趋势。与此同时，科学技术发展引发的环境污染、食品安全等一系列问题受到社会的广泛关注，社会对科技发展干预的诉求日益强烈。因此，有必要从多个视角探析科学技术发展的社会价值和社会影响。

近年来，河南师范大学科技与社会研究所坚持基础研究和应用研究并重，坚持区域经济与科技、社会发展实践相结合，致力于我国社会发展需要，服务于地方经济社会发展。当前，研究所正不断增强凝聚力，整合校内外优质资源，使研究工作更有社会效益，更具社会影响力，努力打造中原科技与社会发展智库。在科学出版社刘溪编辑的大力支持下，研究所决定推出河南师范大学"'科技·社会·哲学'研究论丛"，研究科技与社会互动中产生的新的理论和实践问题，服务于学科内涵建设，也为学科成员展示自己的研究成果提供一个渠道。

当前，本丛书的出版是河南师范大学科技与社会研究所的一项重要工作，是部分学科成员对已有研究工作的总结。这并不意味着我们研究工作的终结，这只是一个新的起点。虽然我们是地方师范大学，隅居一乡（河南新乡），但我们有"亦余心之所向兮，虽九死其犹未悔"的学术梦想、学术热情和社会担当。前行的路就在脚下，我们要勤勉地走下去，以便不辜负这个伟大的时代。

河南师范大学科技与社会研究所
2019 年 1 月

序言

田甲乐博士的新作《科学共同体在知识社会中的角色》即将出版。作者与出版社要我作一书序。这是一件有益于学术的幸事，责无旁贷。2014至2017年间，田甲乐博士曾在我指导之下于中国科学院大学攻读博士学位。这一新作是其博士研究工作的完善与继续。

进入20世纪70年代，人类社会跨入知识经济与知识社会。伴随大科学的兴起和后福特生产体系的形成，科学共同体与科学知识生产都发生了巨大变化。科学共同体已不再是少数聪颖智慧者的兴趣团体，科学知识生产也不再仅仅是好奇心驱使的智力游戏。相反，科学共同体已成为社会化大生产中的核心部门，即所谓“创新驱动发展”的发动机；科学知识生产成为一种惯常的社会化生产方式，其产品——科学技术知识——是各种社会生产中不可缺少的基本要素之一。科学与社会秩序之间形成一种相互促进、交织发展的共生局面。在这一背景之下，科学知识的生产和应用受到研究投资、政治导向、经济利益、媒体舆论以及民众偏好的巨大影响，科学共同体需要与各种利益相关者交流、磋商，以完成其使命。这个时代产生了一个新颖的话题，即科学知识民主。科学知识民主不再是以往人们所讨论的“科学启迪心智，激发民主追求；社会民主保障科学自由探索”，而是要深入到科学知识生产和应用的具体过程，分析其中的多元主体参与以及由此推进的社会民主进程。田甲乐博士的这本新作对此话题进行了有益的探讨。

这本新作分析了科学知识民主的逻辑进路，提出了科学知识民主的功能和限度，特别是提出了知识社会中科学共同体所扮演三种角色。这一新作有益于我们更好地理解当代科学发展与社会进步，也是学者对社会的一份贡献。

尚智丛

2020 年 3 月 9 日于北京

目录

导　论

第一节　知识：社会秩序建构的基础

在物种进化中，动物的本能“规定了它在各种环境中的行为”，但是，“人在本能方面是贫乏的，自然并没有规定人该作什么或不该作什么”。[①]人没有完善的身体器官，在获取食物和与动物竞争中，处于劣势，但是自然给予人智慧，人的发展不由本能决定，而是依靠智慧自我决定。

知识是智慧的集中表现。在人类学和知识社会学理论和本书框架中，知识并不是认识论意义上的“得到辩护的真信念”，而是对经验的处理方法[②]，是“信念”[③],“是历史地成长起来的，它是无数人类个体的各种文化活动的凝结物”[④]。在有剩余产品之前，知识主要体现为对采集植物、捕猎野兽、生火烹饪等与生产生活过程直接相关的经验总结，是社会发展的基

① 蓝德曼 . 哲学人类学 [M]. 彭富春译 . 北京 : 工人出版社 , 1988: 210.

② White L A. The Science of Culture: A Study of Man and Civilization[M]. New York: Grove Press, Inc., 1949: 3.

③ 殷杰 , 尤洋 . 社会认识论的理论定位、研究路径和主要问题 [J]. 哲学研究 , 2009(4): 103-109.

④ 兹纳涅茨基 . 知识人的社会角色 [M]. 郑斌祥译 . 南京 : 译林出版社 , 2000: 8.

本保证。随着生产力的发展，出现了剩余产品，一些人可以不用从事生产劳动而从事专职的知识生产，比如，祭司、巫师，通过神话和宗教知识建构了一个人类感觉安全和可以理解的、与周边未知混沌相区分的世界①。哲学的出现，使人们对自然界进行系统化的思考，是一种“无用”的知识，但是，正是其“无用”，使得它专注于思辨和逻辑，有助于知识体系的形成，成为近代科学知识诞生的源泉之一。近代科学综合了之前的哲学思辨主义传统和工匠经验主义，产生了一种新的知识生产方式，寻求知识的可检验性、重复性和精确性，具有了实用主义的特征，在社会发展中逐渐被采用。20 世纪中叶起，科学知识开始渗透到社会方方面面，成为经济建设、国际竞争、公共政策的基础。

第二节 科学共同体社会角色选择对人类未来的显著影响

作为职业的知识生产者，科学共同体的社会地位依赖于科学知识在社会发展、人类文化和社会秩序形成中发挥的作用和受到的评价。如果没有社会接受，科学知识生产作为一种事业没有办法取得整体进步。即使在 17 世纪，科学知识在经验和实践中还没有表现出对社会发展的有用性，但是在文化上被认为能够推动经济发展和颂扬上帝②。科学正是符合了当时的社会精神气质，才得以建制化和不断发展，近代科学共同体才得以出现和持续扩大。因此，科学知识是科学共同体赖以生存和获得社会评价和荣誉的工具，科学共同体对科学知识形象的建构和对科学知识的社会运用及其效果的宣传，既是其生存策略，也是其与社会秩序互相塑造的结果。

---

① 王宗昱．宗教经验及其文化价值——以伊利亚德《神圣和世俗》为例 [J]. 北京大学学报 (哲学社会科学版), 2000, 37(4): 123–131.

② Merton R K. The Sociology of Science: Theoretical and Empirical Investigations[M]. Chicago: The University of Chicago Press, 1973: 268.

在近代以前，科学是从属于哲学传统或工匠传统的一种附属产品，到中古晚期和近代初期，这两种传统结合形成一种新的传统，即科学的传统，近代科学开始出现。[①]14 ～ 15 世纪，欧洲的大学中“设置了数学、天文学、自然哲学、亚里士多德物理学等教席”，科学成为一种独立的职业。[②]17 世纪，第一批有组织的、正式的、致力于进行科学研究和传播科学知识的近代科学共同体（意大利西芒托学院、英国皇家学会、法兰西科学院）成立。[③] 此后，尤其是 19 世纪开始，科学获得迅速发展并在社会中广泛应用，给人类带来了物质的极大丰富和生产力的极大提高，享受到了人类所能想到的所有赞美，科学共同体成为真理的代言人和受人尊敬的群体。然而，20 世纪以来，出现了世界范围的经济大萧条和环境污染，与科学相关的许多议题（例如，疯牛病防治、转基因安全性、气候变化的确定性及其影响）不仅得不到解决，而且引起的争议持续发酵，科学知识的绝对客观性和科学共同体的无私利性受到了公众的怀疑。科学知识在享受赞美的同时，也受到了前所未有的批判，被指责为这些问题的根源，公众的地方性知识和日常经验知识不断挑战着科学知识的优越地位；科学共同体被批判为是一个与资本和权力合谋、与媒体为伍的利益共同体，作为知识生产主体的核心地位受到挑战，享受的崇高荣誉在消失。科学共同体生存的环境发生了变化，他们需要，并且正在重构科学知识新的社会形象，改变为科学知识和科学职业存在合理性和高尚性辩护的方式，采取新的生存和发展策略。

科学共同体新行为策略的选择，不仅关乎科学知识的形象和科学共同体的荣誉，更关乎社会发展和国家建设。随着工业社会向知识社会的转变，知识逐渐取代资本、劳动力和自然资源成为价值创造和财富创造的核

① 梅森 . 自然科学史 [M]. 上海外国自然科学哲学著作编译组译 . 上海 : 上海人民出版社 , 1977: 1.

② 尚智丛 . 科学社会学——方法与理论基础 [M]. 北京 : 高等教育出版社 , 2008: 117.

③ Elzinga A, Jamison A. Changing policy agendas in science and technology[M]//Jasanoff S, Markle G E, Petersen J C, et al. Handbook of Science and Technology Studies. Rev. ed. Thousand Oaks: Sage Publications, 1995: 572–597.

心要素[①]，成为影响国家建设和国际竞争、社会发展和公共决策、个人决策和发展的核心要素。这产生了两个问题：一是科学知识在政府和公众心中的形象和地位决定了科学知识是否能够得到高效、合理的生产、传播和运用；二是知识逐渐成为财富和权力的基础，知识的不平等，严重制约着经济平等和政治平等的实现。知识民主问题，即“生产什么样的知识，谁进行生产，为了谁的利益生产，为了什么目标生产”[②]，成为与科学共同体新行为策略选择相伴随，且比其更基本的问题，是当代学术界和社会发展正在讨论和亟待解决的问题。鉴于此，本书基于知识与民主的关系，通过分析科学知识民主的理论来源，研究在该背景下科学共同体在知识生产中的行为策略、社会角色选择和责任，及其对社会新秩序建构和人类未来的影响。

第三节　国内外相关文献梳理

国内外对科学共同体社会角色的相关研究主要集中在科学建制、科学知识生产、政府决策和科学普及（科学传播）四个方面。

一、从科学建制视角的研究

把科学作为一种社会建制进行研究，是科学社会学中开始最早、研究方法最成熟、研究成果最多，并且一直持续到现在的研究主题之一，它关注的与本书相关的内容主要有科学共同体的社会规范、科学共同体发展的促进和牵制因素、科学共同体中的分层和合作。

---

① Knorr-Cetina K. Culture in global knowledge societies: knowledge cultures and epistemic cultures[M]//Jacobs M D, Hanrahan N W. The Blackwell Companion to the Sociology of Culture. Malden: Blackwell, 2005: 65−79.

② Gaventa J. Toward a knowledge democracy: viewpoints on participatory research in North America[M]//Fals-Borda O, Rahman M A. Action and Knowledge: Breaking the Monopoly with Participatory Action-Research. New York: Apex Press, 1991: 121−131.

默顿（Robert K. Merton）最早对科学共同体的社会规范进行了系统研究，认为，科学家虽然在制度上没有规定他们自身应该遵守的文化价值和社会规范，但是从他们的日常活动中可以发现他们遵守的道德共识、文化价值和习俗，即科学的精神气质；发现“普遍主义、公有性、无私利性和有条理的怀疑主义”是近现代科学的精神气质，它们既是科学发展目标（被证实的知识）和技术方法（经验确定和逻辑一致）的要求，也在价值和道德上保证了科学活动的正确性，是科学发展目标和技术方法保证。[①]不管科学共同体是否意识到，他们正是因为遵循这四种规范，才使得科学之所以为科学，才保证了科学和自己在社会上的存在价值。然而，“科学是一种随着技术进步和社会变革而不断演化和变革的文化形式”，默顿提出的社会规范是学院科学中，即纯科学研究中，科学共同体的典型精神气质。[②]在20世纪最后二三十年中，科学研究的组织、管理和实践方式经历了彻底的、不可逆的、普遍的转变，这种转变不仅发生在科学知识生产方式和科学共同体的认知结构中，而且是一种“文化革命”，导致了科学共同体的社会规范转变，“学院科学正在让位于后学院科学”，呈现出集体化、极限化、效用化、政策化、产业化和官僚化的特征。[③]后学院科学的出现与科学的应用研究重要性的增强、基础研究和应用研究界限的模糊以及大科学的发展密切相关，科学共同体加强了科学家之间的合作以及与政府之间的沟通，以适应科学知识生产方式的转变和社会的需要。在这种转变中，一些科学组织发表了一些规范和宣言，比如《纽伦堡法典》[④]《赫尔

① Merton R K. The Sociology of Science: Theoretical and Empirical Investigations[M]. Chicago: The University of Chicago Press, 1973: 269–270.

② Ziman J. Real Science: What It Is, and What It Means[M]. Cambridge: Cambridge University Press, 2000: 28–31.

③ Ziman J. Real Science: What It Is, and What It Means[M]. Cambridge: Cambridge University Press, 2000: 67–82.

④ Freyhofer H H. The Nuremberg Medical Trial: The Holocaust and the Origin of the Nuremberg Medical Code[M]. New York: Peter Lang Publishing, Inc., 2004: 103–104.

辛基宣言》[①]《追求卓越科学》[②]等，以适应科学活动不断变化对社会规范的需求。

在作为社会建制的发展中，科学建制的发展与经济、军事[③]、政治、文化[④]等社会需要一致时，能够获得快速发展，否则会受到阻碍和压制。科学建制可以从小科学建制发展成大科学建制[⑤]，从弱科学建制发展成强科学建制[⑥]，也可以从大科学建制变为小科学建制，从强科学建制变成弱科学建制，而且，小科学建制未必是弱科学建制，大科学建制也未必是强科学建制，科学共同体对学科的单纯性与交叉性、内敛型与发散性的把握，对经济、政治等社会资源的运用，决定了科学建制的发展走向[⑦]，也决定了自己在社会中的地位和话语权，科学共同体的精神气质中表现出越来越多的与其他职业共同体的相似性。科学共同体的社会规范和科学建制发展的相关研究表明，科学知识生产并不能独立于社会需要和秩序而存在，必须与社会发展和秩序保持一定程度的契合。

在科学共同体内部，存在着“坐在第41席位者”和“马太效应”[⑧]，因

---

① World Medical Association. World medical association declaration of Helsinki: ethical principles for medical research involving human subjects[J]. Journal of American Medical Association, 2013, 310(20): 2191−2194.

② 中国科学院学部主席团 . 追求卓越科学 [J]. 科学通报 , 2014, 59(18): I−II.

③ 默顿 . 十七世纪英国的科学、技术与社会 [M]. 范岱年 , 吴忠 , 蒋效东译 . 成都 : 四川人民出版社 , 1986: 209−302.

④ Shapin S, Schaffer S. Leviathan and the Air-Pump: Hobbes, Boyle, and the Experimental Life[M]. Princeton: Princeton University Press, 2011: 332−344.

⑤ 这里的小科学建制和大科学建制、弱科学建制和强科学建制不是指具体的科学项目，而是对某项科学学科的宏观审视，前者是指规模的大小，后者是指竞争能力的强弱。

⑥ 这里的强和弱是指某项科学学科在人力、财力等社会资源上的竞争能力。

⑦ 牛杰 , 张汉静 . 论科学建制的强势与弱势——从小科学建制、大科学建制谈起 [J]. 自然辩证法研究 , 2016, 32(3): 33−38.

⑧ “坐在第 41 席位者”，指做出了重要贡献，但未获得相应荣誉的科学家；该说法来源于法国科学院最初只有 40 个院士名额，一些做出重要贡献的科学家由于名额有限而未入选。“马太效应”，指已获得荣誉的科学家会获得更多的荣誉，未获得荣誉的科学家更难获得荣誉；该说法来源于《新约 • 马太福音》中“凡有的，还要加给他，叫他有余；没有的，连他所有的，也要夺过来”。

此造成了科学资源在科学共同体中的分布不均，进而出现分层。[①] 科尔兄弟“用职位、科学荣誉、科学奖励、声望”作为“分层标准描述了美国大学物理科学共同体的分层轮廓”，朱克曼“用学术声誉作为分层标准”研究了美国不同声誉科学家的分层情况[②]，孙玲和尚智丛用“专业技术职称、行政职务和社会/学术声望”标准研究了当代中国科技人员的分层情况[③]。这些分层现象中的“马太效应”因素，使得“科学共同体中的新手往往邀请知名科学家联名发表论文”[④]，以此来提高自己的受关注度和声望。科学共同体内部的这种分层状况，维护了科学共同体秩序，总体上有利于科学知识向着正确的方向发展，便于集中资源进行主要问题的研究，有可能尽快获得重要成果，从而代表科学共同体与其他共同体竞争社会资源，在社会秩序建构中发挥更大的作用。科学共同体内部的合作，增加了新手获得认可和声誉的机会，有利于新手和科学共同体的成长。

二、从科学知识生产视角对科学共同体的研究

从科学建制视角对科学共同体的研究，是把科学知识生产过程看作一个黑箱或者一个原点，研究科学共同体如何建构和维护这个原点的客观形象和在知识中的优越地位，进而建构和维护科学共同体的高尚形象、在社会中的声望和地位。科学共同体的知识生产方式是对社会秩序适应的过程。从科学知识生产视角的研究，打开了科学知识生产的黑箱，分析了科学共同体在科学知识生产过程中对社会性因素的引入和要素的组织方式。这种视角试图解构科学知识的绝对客观性和质疑科学共同体在知识生产过程中的中立性，但是从另一个方面看，也表明了科学共同体维护科学知识客观性和研究中立性的努力。

---

① Merton R K. The Sociology of Science: Theoretical and Empirical Investigations[M]. Chicago: The University of Chicago Press, 1973: 439-459.

② 孙玲，尚智丛. 科学共同体社会分层研究综述 [J]. 科学学与科学技术管理，2011, 32(8): 156-161.

③ 孙玲，尚智丛. 浅析我国当代科技人员的社会分层结构 [J]. 科技管理研究，2012(14): 174-179.

④ 尚智丛. 科学社会学——方法与理论基础 [M]. 北京：高等教育出版社，2008: 129.

第一，科学共同体在科学知识生产过程中对社会性因素的引入。库恩（Thomas S. Kuhn）通过对科学史的考察，认为科学史是由常规科学和科学革命两个时期交替进行，在科学革命时期，观察和实验并不能单独解释相互竞争的学派之间的差异，科学共同体中的个人和偶然因素等随机因素，才决定了竞争学派之间胜负，构成了范式（科学观、研究方法、问题域、解题标准）的转变。[①] 科学共同体在科学无法进步、地位受到威胁时，通过引入非理性因素发挥想象，改变科学中的基本观念，在社会中重新建构起科学知识的真理形象，保证了自己的地位。库恩证明了科学共同体在科学革命时期非理性因素的存在，但是正是这种非理性因素，保证了科学的演进。布鲁尔（David Bloor）和巴恩斯（Barry Barnes）等通过研究科学史上有争议的案例是如何结束的，认为不是实验本身，而是实验者的信念和实验共同决定了最终生产出来的科学知识[②]，而且科学术语的含义是开放的，在使用过程中是不断演变的[③]。不仅在科学革命时期，而且在常规科学时期，科学共同体也会引入社会性因素，以保证科学共同体能在新的科学发现中达成共识，从而保证了科学知识不断进步。拉图尔（Bruno Latour）通过实验室研究，认为自然与社会不是二分的，甚至没有什么单纯是自然的或社会的，自然与社会、主体与客体、事实与价值不是二分的，它们都是处于联结之中的行动者（actors），在网络之中行动[④]，研究他们之间的关联（associations）比研究某一对象及其社会因素更加重要[⑤]。这表明，科学共同体在科学知识生产过程中，真实的研究对象和研究环境是行动者之间的各种关联和社会实践，以纯粹的自然或纯粹自然的模拟为研

① 库恩．科学革命的结构 [M]．金吾伦，胡新和译．北京：北京大学出版社，2003.

② Bloor D. Knowledge and Social Imagery [M]. 2nd ed. Chicago: University of Chicago Press, 1991.

③ 巴恩斯，布鲁尔，亨利．科学知识：一种社会学的分析 [M]．邢冬梅，蔡仲译．南京：南京大学出版社，2004.

④ Latour B. We Have Never Been Modern[M]. Trans. Porter C. Cambridge, MA: Harvard University Press, 1993.

⑤ Latour B. Reassembling the Social: An Introduction to Actor-Network-Theory[M]. Oxford: Oxford University Press, 2005.

究对象和研究环境的科学活动，是科学共同体有意或无意间，建构的一种能够有助于论证科学知识具有客观性的科学研究图景。柯林斯（H. M. Collins）通过对实验复制能否成功的案例分析，认为对实验成功的判断依赖于建造出一个好的实验仪器，对建造出好的实验仪器的判断依赖于实验成功，以此类推，存在着循环关系，要打破这种循环，只能通过科学家之间的磋商进行。[①]迈尔斯（Gregory A. Myers）通过对生物学家基金申请书、论文修改、科学论战等科学文本的分析，认为科学划界行为本身就是一个与修辞和社会过程有关的问题，科学文本是作者和评审专家与阅读者之间商榷的产物。[②]这表明，科学知识是科学共同体通过磋商建构起来的，科学知识是一种先验存在的等待被发现和重复检验的真理的形象，也是科学共同体有意或无意间，建构的一种能够有助于论证科学知识具有客观性的科学研究图景。

第二，科学共同体在科学知识生产过程中对要素的组织方式。基彻尔（Philip Kitcher）考察了科学家在复杂的社会网络中是如何通过认知劳动的分配而追求真理，发现科学共同体中存在着共识，但是科学家个体在具体研究中会修改自己的实践，导致共识的消失、演变和新的形成[③]，为了在民主社会中让科学知识朝向真理更好地进步，科学共同体和公众之间应该不断进行交流，建立起良序科学（well-ordered science）[④]。科学共同体与其他职业生产一样，为了不断生产出有用的内容，也应根据生产要素进行良好的组织。富勒尔（Steve Fuller）把知识看作是一种社会产品，认为“真理”“有效性”“可靠性”这些词语在产品生产过程中没有什么用处，应该用知识政策来规范为了谁生产、生产什么样的知识、谁进行生产等具体问

① Collins H M. Changing Order: Replication and Induction in Scientific Practice[M]. London: Sage Publications, 1985.

② 迈尔斯．书写生物学：科学知识的社会建构文本 [M]. 孙雍君等译．南昌：江西教育出版社，1999.

③ Kitcher P. The Advancement of Science: Science Without Legend, Objectivity Without Illusions[M]. Oxford: Oxford University Press, 1993.

④ Kitcher P. Science in a Democratic Society[M]. New York: Prometheus Books, 2011.

题。[①]科学共同体应该抛弃传统的认为科学知识必然是为所有人服务的观念，把科学知识看作是与其他社会产品一样的东西，通过明确的目标、生产方式等政策进行组织，只有这样，科学共同体才能保持自己在社会中的独特价值。李正风从认知模式、技术手段、组织形式和制度安排四个层面分析了科学知识生产方式，认为其经历了"哲学思辨式""经验试错式"和"实验型"三个阶段，历史情境和社会情境影响科学知识的生产方式的演变。[②]科学共同体历史发展中，不断调整生产方式，以适应社会生产分工和生产实践的要求，证明自己存在的价值。

三、从政府决策视角对科学共同体的研究

近代科学诞生之初，就出现了科学家（比如伽利略和雷奥纳）在政府中任职的事例[③]。从第二次世界大战起，科学家参与政府决策日益成为一种普遍现象，引起了很多学者的研究兴趣，与本书相关的研究主题主要包括在政府中任职的科学家数量的变化、科学家参与政府决策的方式和科学家在政府决策中的角色，科学共同体通过此种方式获得了社会的支持并塑造着社会秩序。

第一，对在政府中任职的科学家数量的研究。巴伯（Bernard Barber）通过研究发现，从美国"历史开始之日，科学家就在政府里占有一席之地"，但是"直至二十世纪初，在任何部门里都只有几个科学家"，而第二次世界大战之后的几年里，政府中科学家的数量达到约三万名，科学家虽然在政府中工作不能取得高的公众声望，而且并不喜欢在政府中工作，但是，"还是有许多有才能的科学家，不论其工作的社会声望如何，在为政府效劳"。[④]无论科学共同体出于何种原因在政府中任职，他们在政府中

---

① Fuller S. Knowledge Management Foundation[M]. Woburn: Butterworth-Heinemann, 2002.

② 李正风．科学知识生产方式及其演变 [M]. 北京：清华大学出版社，2006.

③ 罗素．西方哲学史：及其与从古代到现代的政治、社会情况的联系：下卷 [M]. 马元德译．北京：商务印书馆，1996: 5.

④ 巴伯．科学与社会秩序 [M]. 顾昕，郏斌祥，赵雷进译．北京：生活·读书·新知三联书店，1991: 200–203.

任职的数量都在显著增加，这种行为增加了政府对他们行为和社会角色的支持。

第二，对科学家参与政府决策方式的研究。科学家在政府中的任职一般是通过顾问委员会参与公共决策，史密斯（Bruce L. R. Smith）通过研究美国国防、环境保护、能源、航天等政府部门的科学顾问团或委员会的成立、建制和影响，认为科学顾问不可能完全独立于政治，其享有的接触相关政治信息的权利应该伴随遵守相关政治行为规范的义务；科学顾问与政治家的非正式磋商比公开报告体现出更多的有效咨询内容；科学咨询推动了政治民主化，但是不能成为批评政府的代言人，否则只会增加双方的不信任和降低科学咨询的有效性。① 科学顾问委员会是科学与政治二者发展到一定程度的产物，兼顾二者的需要，才能推动科学、政治和社会的发展。国际组织可持续发展科学咨询调查和分析委员会（Committee for Survey and Analysis of Science Advice on Sustainable Development to International Organizations）研究了联合国系统中的科学顾问委员会及其在可持续发展行动中的活动，发现科学知识的专业性往往让位于国家利益、地区、经济、宗教之间的平衡；委员会成员中很大一部分来自于西方工业国家和日本，从而降低了科学咨询的可信性；需要建立一种能够在保证科学诚信和产生政策影响之间平衡的科学咨询机制。科学顾问，尤其是国际科学顾问，涉及不同的国家和地区的理念、秩序、利益，必须兼顾不同行动者的信念和需求。② 曹永胜把科学家参与政府决策的形态分为直接参与和间接参与，显性参与和隐性参与，主动参与和被动参与，合法参与和非法参与，输入性参与、转换性参与和输出性参与③，科学家参与政府决策的方式具有多样性。

---

① Smith B L R. The Advisers: Scientists in the Policy Process[M]. Washington D.C.: The Brookings Institution, 1992.

② Committee for Survey and Analysis of Science Advice on Sustainable Development to International Organizations. Knowledge & Diplomacy: Science Advice in the United Nations System[M]. Washington D.C.: The National Academies Press, 2002.

③ 曹永胜 . 科学家在政府决策中的参与及作用 [J]. 科学技术与辩证法 . 2003, 20(2): 71−74.

第三，对科学家在政府决策中的角色的研究。穆克吉（Chandra Mukerji）通过研究政府对科学资助的目的和科学实践，发现科学家的主要角色不再是单纯给政府提供科学知识，而是为政府决策进行合法性辩护，科学家允许自己的认识权威被投射到使用科学知识的政府官员的政治权威上。[①] 科学家在政府决策中不仅发挥知识提供者的角色，而且以一种隐性的形式开始发挥政府决策辩护者的角色。梭罗根（Etel Solingen）研究了政府与科学家之间的关系，认为他们之间存在着“幸福的融合”（happy convergence）、“被动的抵触”（passive resistance）、“仪式的对抗”（ritual confrontations）和“致命的遭遇”（deadly encounters）四种情况。[②] 科学共同体的角色是一种取决于政府的被动角色，但是科学家是政府不可缺少的角色。皮尔克（Roger A. Pielke, Jr.）认为科学家在政策和政治中可以扮演纯粹的科学家（pure scientist）、议题倡导者（issue advocate）、科学仲裁者（science arbiter）和政策选择的诚实代理人（honest broker of policy alternative）四种角色，科学家应该根据决策情境中的价值共识程度和不确定性程度来决定自己选择哪一种角色，但是在当代社会的大部分情况下，科学已经成为不同争论方支持自己观点的工具，因此，科学家只有发挥政策选择的诚实代理人角色，才能在政策和政治中发挥自己作用。[③] 科学共同体根据不同的民主观念和科学在社会中角色的不同观念，可以采取不同的行为方式，但是在决策者和政治家的整体背景下进行考虑，才能正确选择最佳的行为方式，体现自己的地位。曹聪（Cong Cao）通过研究 1955 ～ 2001 年中国科学院院士（学部委员）的政治参与，发现不同政治环境下，院士（学部委员）参与政府决策的积极性有所不同。[④] 科学共

---

① Mukerji C A. Fragile Power: Scientists and the State[M]. Princeton: Princeton University Press, 1989.

② Solingen E. Scientists and the State: Domestic Structure and International Context[M]. Ann Arbor: The University of Michigan Press, 1994: 15–18. 转引自：张九庆. 自牛顿以来的科学家：近现代科学家群体透视 [M]. 合肥：安徽教育出版社, 2003: 106–107.

③ Pielke Jr. R A. The Honest Broker: Making Sense of Science in Policy and Politics[M]. New York: Cambridge University Press, 2007: 8–20.

④ Cao C. China's Scientific Elite[M]. New York: Routledge Curzon, 2004: 189–197.

同体根据不同的政治社会环境，选择在政治参与中的活跃度。

四、从科学传播视角对科学共同体的研究

科学共同体（如英国皇家学会）早在19世纪早期就开始向公众普及科学知识，到了20世纪50年代，公众与科学的关系出现了紧张局面，科学共同体开始考虑让公众更紧密地接近科学[①]，以便于获得公众的支持。

美国科学促进会（American Association for the Advancement of Science）为了让公众在新的变化的社会环境下仍然支持科学，在1951年调整了方向，在具体科学知识和技术方面减少精力，把更多的精力投入到作为整体的科学及其与政府和社会的关系上；认为，在公众中扩散和传播科学知识和科学方法虽然是一个“困难的、缓慢的和永无停止的工作”，而且需要“人力、资金、耐心和智慧”，但是，让公众更好地理解“科学——科学结果、基础研究的性质和重要性、科学方法和科学精神”是一个非常必要的任务。[②]科学共同体通过学会、期刊、政府和媒体宣传科学给社会带来的益处，试图让公众减少甚至消除对科学和科学家的怀疑，从而达到维护科学共同体的社会地位的效果。但是，在随后的二三十年中，公众对科学的担忧和恐惧并没有减少，科学家的客观、专业、权威的形象遭到持续冲击。于是，在20世纪80年代，英国皇家学会发表了《公众理解科学》报告，认为，“科学家必须学习如何与公众进行沟通，以一种主动的积极的态度去沟通，把它当作自己的义务去实施。所有的科学家都要学习如何更好地了解媒体及其优缺点，并学会以一种非术语的语言和平易近人的态度将科学简单明了地介绍清楚”[③]，标志着公众理解科学运动的正式开始。科学共同体希望通过让公众拥有更多的科学知识，宣传科学知识的正

---

① Bucchi M. Beyond Technocracy: Science, Politics and Citizens[M]. Trans. Belton A. New York: Springer, 2009: 2.

② The AAAS Executive Committee. A Statement of Policy for the AAAS (Arden House Statement) [A]. AAAS，1951-09-15.

③ The Royal Society. The Public Understanding of Science[M]. London: The Royal Society, 1985: 6.

确性和有效性，从而达到让公众支持科学、消除对科学和科学家的怀疑的效果。但是，事与愿违，公众对科学家的质疑不但没有减少，而且在不断增加。

杜兰特（John Durant）对上述现象进行了研究，并且总结了其他学者的研究成果，认为，公众对科学家的不信任并不仅仅是由于缺乏科学知识，文化、经济和政治等因素都是导致科学家和公众之间出现隔阂的原因，因此，科学共同体应该和公众进行平等的对话，这样才能解决分歧、让公众满意。[①] 科学共同体应该抛弃自己处于优越地位的想法，通过把公众引入到平等的对话中，才能继续保证科学知识和科学家的重要性。贾萨诺夫（Sheila Jasanoff）通过对生物技术的跨文化对比研究发现，在不同文化中，公众对科学知识的描述、辩护、评价和承认方式是不同的，科学只有符合当地文化中公众的认知方式，才能获得公众的支持。[②] 科学共同体在传播科学知识的时候，应该把科学知识的逻辑转换成符合当地文化中公众认知的逻辑进行传播，符合当地文化的公众认知方式，这样才能减少公众的不信任，赢得支持。

综上所述，科学知识和科学共同体的行为选择在理论和实践上都受到了充分的关注和研究：科学知识的绝对客观性和科学知识生产的中立性随着社会的发展和研究的演变而受到质疑，科学知识研究已经被视为一种生产活动，其中的社会性因素和组织方式都得到学术界、政府、产业界和公众的关注；科学共同体的社会规范随着学院科学到后学院科学的转变，发生了相应的变化；科学共同体的主要角色正从知识生产到多种角色并存，尽力使政府和公众一如既往地支持科学研究和信任科学家。这些研究表明了科学研究环境的变化、科学共同体社会角色相应转变、科学共同体的知识生产与社会秩序之间互相影响，但是存在着明显不足：研究存在多个逻

① Durant J. Participatory technology assessment and the democratic model of the public understanding of science[J]. Science and Public Policy, 1999, 26(5): 313-319.

② Jasanoff S. Designs on Nature: Science and Democracy in Europe and the United States[M]. Princeton: Princeton University Press, 2005: 249.

辑起点和研究进路，比较零散，没有进行系统地研究；对知识在当今社会中的作用和当今社会环境对知识生产的影响的研究，不够清晰和明确；对科学共同体在新社会环境中社会角色形成及其原因和效果的研究还比较粗浅，没有形成深刻而完整的理论解释。鉴于此，本书通过分析科学知识民主化，研究科学共同体在知识社会中的角色，尝试弥补上述不足。

第四节　本书的研究思路和基本结构

21世纪以来，科学家生存的社会环境发生了变化：一方面，科学知识日益重要，国家建设和个人生活对科学知识和科学共同体的依赖性日益增强；另一方面，科学知识的不确定性和科学研究的利益因素日益凸显，政府和公众对科学共同体的信任度不断下降。本书的主要目的在于，研究科学共同体如何应对生存环境的变化，采取了什么策略来维护、稳固，甚至可能增强自己在社会中的地位，在这个过程中如何受到社会秩序的影响，以及对社会秩序产生了什么影响。本书主要解决的问题是，科学知识与民主的关系是什么，当代知识社会和民主社会的交织对科学共同体造成了哪些负面影响，带来了哪些机遇，科学共同体如何应对这些负面影响及其对社会秩序产生的挑战。本书主要研究内容是，科学共同体所处的环境、自身的变化、采取的生存策略、可能达到的结果。本书的研究思路是，科学知识是科学共同体赖以生存的工具，本书首先研究科学知识观念的演变，为进一步的研究奠定基础；其次，科学共同体作为一种社会建制，其行为活动并不是在真空中进行中的，社会环境的变化直接影响着科学共同体的行为方式选择，因此，要研究科学共同体所在环境的变化和在新环境下科学共同体的变化；最后研究科学共同体为了维护自身的地位和促进社会发展所采取的策略，及其对社会秩序产生的影响。

本书的理论立足点是知识社会学（含科学知识社会学）和社会认识

论，认为知识是集体化的信念，知识生产是集体认知的过程。运用的基本理论主要是科学哲学、科学社会学（含科学知识社会学）和科学技术学（science and technology studies）：运用科学哲学理论对科学知识性质进行研究；运用科学社会学理论对科学知识生产中的因素和组织方式进行研究，分析科学共同体在知识生产、传播和应用中与其他行动者的关系；运用科学技术学理论对知识与民主的关系，科学共同体在共识达成和知识社会中的行为策略。本书还涉及政治学、人类学和管理学理论，用于讨论民主的含义、目的和发展，科学知识在社会发展中的观念，科学共同体在科学治理和社会治理中的作用和角色等方面。

本研究具有重要的理论意义和实践意义。首先，把科学共同体放在当下新的环境中，研究其面临的挑战和应对策略，推动了科学社会学研究。其次，由于科学共同体行为策略是以科学知识为中心，因此，本研究必然涉及对现代社会中知识本性和特征的研究，丰富认识论研究。再次，本研究是在知识社会环境中进行的，知识对权力的分配和平等与否具有基础作用，所以，本研究需要研究民主观念的历史演变及其特征，丰富政治哲学研究。最后，本研究的旨趣不仅是一种理论上的进展，更与社会现实问题密切相关，厘清知识与民主的关系，分析科学共同体的社会角色选择，有助于了解知识、民主在公共决策中的地位和科学共同体的诉求，化解冲突、达成共识，推动民主政治、先进文化和和谐社会建设。

本书的结构安排如下：

首先是“导论”。说明本书的研究背景和研究意义，梳理国内外相关文献，讲明主要目的、研究思路、理论立足点和基本结构。

第一章是“科学知识的观念及其演变”。正如我们在认识论（知识论）文献中所看到的，对“知识”和“科学知识”进行精确定义，似乎是一件不可能的事情，但是，我们仍然试图通过对科学知识观念进行分类和梳理，找到科学共同体在进行科学活动时，有意或无意间通过与社会互动而形成的主流观念及其特征。这是进一步研究的逻辑起点。

第二章是“科学知识的民主化”。近代民主作为一种保障公民权利的平等决策的方法，最初出现在政治领域，随后出现在经济和社会领域，20世纪最后十年，民主开始向知识领域扩张，科学知识民主开始出现。20世纪下半叶以来，由于科学知识生产中社会因素的发现，科学知识社会应用效果不确定性的凸显，地方知识的崛起，社会运动和新媒体的推动，政府和公众不断要求并且事实上参与了科学知识生产和应用，而且参与的广度和深度在增加。科学知识的绝对可靠地位在衰落，科学共同体无法再作为真理的代言人。

第三章是“科学知识民主的进路与限度”。第二章考察了学术思潮和实践推动科学知识民主化的过程，本章从哲学角度对此进行分析。科学知识民主的逻辑进路在于，本体论上表现为知识的客观性走向情景依赖性，认识论上表现为知识的主客二分走向主体间性，实践论上表现为知识的价值中立性走向知识与秩序的共生。科学知识民主的目的在于，生产出具有确定性的、平等服务于所有人的、获得公众信任的知识。然而，民主从来不是无条件的，科学知识民主实践受到主体性和公共性的制约，前者体现在社会中公共精神、多元治理观念、学习型文化得到一定程度的发展和对个体理性、责任、知识的要求，后者体现在不同学科知识的公共性程度差异和知识生产不同阶段的公共性程度差异。

第四章是“科学共同体面临的挑战”。科学知识民主使公众参与权从政治领域扩大到知识领域，科学共同体的传统研究方式和处理公共事务的方式受到了挑战，在这种压力下，科学共同体出现了一些新的变化并面临着新的挑战。随着科学知识与社会应用时间的缩短和联系的日益紧密，科学家与社会其他领域日益交织在一起，科学家的价值观、学科背景、利益诉求、媒介报道和公众压力等使得科学共同体内部的分歧不断呈现在公众面前，大科学生产方式的出现和科学知识生产对研究经费需要的增加使得政府在科学知识生产中的作用凸显，科学知识中的不确定性和社会性、科学家与资本和政府的新关系，带来了科学理性危机和科学共同体信任危机。

第五章是“科学共同体的共识达成”。20 世纪以来科学哲学和科学历史主义的研究，挑战了传统累积科学观，科学共同体和科学共同体的共识达成成为学界重要问题之一。科学共识是科学研究中自然因素和社会因素共同作用的结果，科学家之间是一个行动者网络，他们之间通过期刊论文、公共展示、资源分配等策略进行彼此说服，最终基于知识和利益形成不同程度的共识。第二次世界大战起，小科学发展为大科学，科学知识生产分工日益精细、所需经费迅速增加，科学知识与社会生活的联系更加紧密，科学共同体在知识形成和运用过程中，更加频繁地使用说服策略，体现出共识达成的特点。科学语言和科学治理体现了共识达成中的民主因素的存在，及其在当代的进一步民主化过程。

第六章是“科学共同体在知识社会中的角色”。在历史上，科学共同体传统的社会角色是在实验室中追求真理，不问世事的、为知识而知识的研究者。但是，随着科学知识在社会领域中运用范围的扩大，科学知识社会应用的负面效果开始出现，多元主体参与到知识生产中。然而，在公共决策时，在面临争议时，科学知识仍然是合作与解决争端的基础。科学知识中虽然存在社会因素，但是到目前为止，仍然是最具有可检验性、精确性的学科知识，科学共同体在当代知识社会中的角色应该且正在发生改变，他们在知识生产和传播中发挥领导和推动作用、在民主发展中扮演示范和推动的角色，参与着社会秩序的建构。

最后是“结论与展望”。总结全书的基本结论和观点，展望进一步研究。

第一章 科学知识的观念及其演变

第一节 科学知识的界定

今天我们谈论“科学”时，它往往被认为具有绝对客观性和真理性，是放之四海而皆准的真理。但是，事实上，“科学”一词的含义具有历史性和地域性。英文“科学”（science）一词14世纪才形成，而且在不同的国家中含义并不相同，且随着历史而发生变化[①]；中文“科学”一词虽然在古典文献中已经出现，但是与英文science含义相对应的“科学”一词直到19世纪末20世纪初才从日本传入中国[②]，其含义也随着社会背景和历史条件而变化[③]。哲学、社会学、政治学等学科从不同的角度对“科学”进行了界定，但是至今，仍然没有一个统一的定义，也仍然没有一个关于科学知识的准确界定，科学和科学知识都是随社会和研究情境不同而不同、具

① Williams R. Keywords: A Vocabulary of Culture and Society [M]. Rev. ed. New York: Oxford University Press, 1983: 276−280.

② 周程 .“科学”的起源及其在近代中国的传播 [J]. 科学学研究 , 2010, 28(4): 481−488.

③ 李丽 , 赵多辉 .“科学”概念的中国进路 [J]. 自然辩证法研究 , 2016, 32(7): 96−100.

有开放性演变的概念。对科学知识含义界定的不同，影响了人们对科学和科学共同体，及其社会地位和角色的不同评价。从宏观层面看，对科学知识观念的研究主要有哲学、社会学和文化人类学三种角度的理解。

哲学视角对知识的研究，从古希腊就开始了，一直是哲学家研究的主要问题之一。这种视角对知识的界定主要有两种，一是“知识就是真信念”，二是“知识就是得到辩护的真信念”。[①]前者侧重于从本体论上对知识进行研究，强调了知识的本质，而不是对知识的辩护形式。戈德曼（Alvin I. Goldman）的求真（veriphobia）社会认识论[②]、劳斯（Joseph Rouse）把对科学知识的分析哲学转向文化研究[③]，是当代这种知识观念的代表观点，强调科学知识与外在事物的符合一致性。后者侧重于从认识论上对知识进行辩护，强调知识的获得过程，认为只有那些得到辩护为真的信念才是知识，基础主义（foundationalism）和融贯论（coherentism）是其典型代表，强调科学方法和科学知识的获得过程。社会学视角对知识的研究，把研究焦点放在知识的生产者和使用者问题上，把知识界定为“知识就是信念”或“知识就是制度化的信念”[④]。前者认为个人的信念就是个人的知识，特定共同体的集体信念就是该共同体的知识，不关注知识的真与假、来源和获得过程。后者认为集体接受的信念是知识，它的主要特征在于被集体普遍承认和传承[⑤]，科学知识社会学（Sociology of Scientific Knowledge，简称 SSK）是该种观念的典型代表。科学知识社会学的观点虽然受到了激烈的批评，但是科学知识生产中含有社会因素观念，已经成为人们普遍承认的观念，重要的是这种社会因素在科学知识生产中的地位和角色是什么，以及发挥何种作用。文化人类学视角把科学知识看作是，

① 殷杰，尤洋．社会认识论的理论定位、研究路径和主要问题 [J]. 哲学研究，2009(4): 103−109.

② Goldman A I. Knowledge in a Social World[M]. Oxford: Clarendon Press, 1999: 7−9.

③ Remedios F. Fuller and Rouse on the legitimation of scientific knowledge[J]. Philosophy of the Social Science, 2003, 33(4): 444−463.

④ 殷杰，尤洋．社会认识论的理论定位、研究路径和主要问题 [J]. 哲学研究，2009(4): 103−109.

⑤ Barnes B. Sociological theories of scientific knowledge[M]//Olby R C, Cantor G N, Christie J R R, et al. Companion to the History of Modern Science. London: Routledge, 1990: 60−73.

人类在和生存环境竞争中进化出来的一种生存工具[①]和生产手段[②]，是“一种解决问题的工具”[③]，马克思主义唯物史观关于科学知识的论述，是该种观点的典型代表，强调科学知识在人类发展进程中的推动作用。

哲学视角的分析主要集中于科学知识的理性与非理性、客观性与主观性，是社会学视角分析的预设；社会学视角的分析主要侧重于科学共同体的行为，把科学知识作为人类社会活动的一种结果来看待，对哲学视角的分析具有重要的反作用，影响着人类学视角的分析；人类学视角的分析主要侧重于科学知识对人类演化和社会发展的作用，把科学知识作为人类文化和社会系统的一种要素来看待，影响着社会学视角分析的范围、深度和重视程度。本书中的科学知识主要是在社会学意义上使用，主要指科学家和科学共同体在特定情景中生产出的一种产品；在科学家和科学共同体这两个词出现之前，指自然哲学家对自然的探索结果；自 20 世纪下半叶起，科学共同体自治受到质疑，政府和公众在一定程度上参与到科学知识生产中，科学知识生产的主体范围逐渐扩大，此时的科学知识主要指以科学共同体为主体生产出的产品，这种产品虽然不断受到争议，与其他知识的划界标准不断调整，但科学知识与其他知识的划界总体上得到社会的承认。本书同时在哲学和人类学层面上分析了科学知识，哲学分析的主要目的在于为社会学分析提供一种科学知识的非绝对客观性和真理性、非社会性和集体性的前提预设，提供一种哲学基础；人类学分析的主要目的在于为科学共同体的知识生产和社会规范找到原因和动力，把科学知识生产活动视为一种现实存在。总之，本书对科学知识的界定，是指科学共同体在特定社会秩序下生产出的一种人类社会所需要的特殊产品，该产品是科学共同体生存和发展的工具，影响了其社会角色的选择和社会秩序的演化。

---

① 郑慧子 . 批判与建构——一个关于文化的未来发展的构想 [M]. 开封 : 河南大学出版社 , 2000: 63-64.

② 马克思 , 恩格斯 . 马克思恩格斯全集 : 第 47 卷 [M]. 中共中央马克思恩格斯列宁斯大林著作编译局译 . 北京 : 人民出版社 , 1979: 570.

③ 齐曼 . 元科学导论 [M]. 刘珺珺 , 张平 , 孟建伟译 . 长沙 : 湖南人民出版社 , 1988: 5.

科学知识在社会中的形象不是先验的，而是在特定情景中形成的。人们持有的科学知识观念是对科学知识和科学共同体评价的基础，影响着科学共同体社会角色的选择，进而影响科学知识的生产和使用方式和效率，以及公共决策模式和社会发展路径。本章按照历史线索，对科学知识观念及其演变进行分析。

第二节　作为非独立存在形态的科学知识

一、作为生存需要的科学知识

科学知识的历史和人类一样古老。在生物进化过程中，由于气候环境变化，人被迫从森林走向地面，生存环境发生了巨大变化，与在地面生存的其他物种相比，人的感觉器官、身体结构和行为方式都处于劣势，只有依靠发达的大脑与陌生的环境相处，与已经适应环境很长时间的敏捷的食草动物和凶猛的食肉动物相互竞争。[①] 在这个过程中，原始人通过总结经验逐渐掌握了大量的自然知识，比如，如何生火和使物体变湿、重物会下沉而轻物会漂浮、哪些石头能够做斧头、哪些木头能够做斧头柄、哪些植物能吃而哪些有毒、所捕猎的动物的习性；在一般意义上讲，他们在生火时是物理学家，在做饭的时候是化学家，在处理伤口的时候是外科医生，在了解河流和山脉时是地理学家，在用手指计算时是数学家。[②] 因此，科学知识最初是作为人类使用的生存工具而出现的，是对自然无意识探索和积累日常生活经验的结果，对人类的生存具有至关重要的意义。轮子和火的出现被归入人类历史上最古老、最重要的发明创造之中，这和货物运

① Morris D. The Naked Ape: A Zoologist's Study of the Human Animal[M]. New York: Random House, 1999: 18-34.

② Tylor E B. Anthropology: An Introduction to the Study of Man and Civilization[M]. New York: D. Appleton and Company, 1896: 309.

输、驱逐动物等生存需要有重要的关系。科学知识的进步与人类经验的扩展是分不开的，它与一个领域的复杂程度并没有必然关系，而和该领域对人们生活影响的程度以及相关的经验积累有关。比如，物理学和天文学之所以诞生较早，是因为人们认为物理学和天文学对生活有重要而直接的影响，而不是物理学和天文学比其他学科更简单；解剖学比生理学发展得更早，是因为人们更容易把身体各部位的结构给区分开来，而不是因为身体的结构比功能更简单。科学知识的出现，适应了自然环境中生存竞争的需要，使人类在与自然环境和其他物种的竞争中，生存了下来，并获得了巨大优势。

几何学和医学，就是出于人类生存需要而诞生的科学。“几何学”（geometry）一词最早源于希腊语，由“土地”和“测量”二词合成，“指土地的测量，即测地术”。[①] 几何学产生的直接原因与土地丈量相关，诞生于古埃及。古埃及位于尼罗河两岸，尼罗河每年定期出现洪水泛滥，“8月中旬到9月末河水淹没了河谷的大部分低地”。[②] 河水退后，淤积土覆盖了人们耕地之间的界线，每年都需要重新丈量土地，因此，积累了大量的测量土地方面的知识，逐渐发展出几何学。医学是人类遭受攻击和疾病，试图恢复健康的结果，源于从动物进化而来的本能救护活动，是人类生存最需要的知识之一。在中医中，“遍观草木，虽有不识，但无一非药”[③]；在埃及，从制作木乃伊的实践中掌握了解剖学知识[④]。医学离不开人们的具体实践，因此，在各文明古国，都诞生了自己的民族医学。人类自群居以来，就开始了同疾病这一文明伴生物的斗争。

同医学一样，天文学在各古老的文明中也都存在，但是其观测的主要内容并不一样。通过对其观测主要内容不同的原因的分析，揭示了人类生

① 杨全红，唐昉．“几何”一词的来龙去脉 [J]. 上海翻译，2011(3): 74–78.

② 袁指挥，谢振玲．论尼罗河对古代埃及文明的影响 [J]. 农业考古，2010(4): 92–94, 117.

③ 廖育群．医者意也——认识中医 [M]. 桂林：广西师范大学出版社，2006: 51–52. 转引自：田松．在历史中稳定的生活——从时间维度重述地方性与普遍性 [J]. 自然辩证法研究，2016, 32(7): 73–78.

④ 梅森．自然科学史 [M]. 上海外国自然科学哲学著作编译组译．上海：上海人民出版社，1977: 10.

存环境和需要对天文学内容的影响。“古埃及重视观测天狼星，因为它与太阳一起晨升的时候，就预示着尼罗河的泛滥，而古埃及人民是每年在尼罗河泛滥后的沃土上播种的。古代巴比伦重视观测五车二（御夫座 α 星），因为约当五千年前，五车二晨升标示春天的到来。古希腊民族居住在伸出于爱琴海的巴尔干半岛和一群海岛上，航海事业发达，重视观测所谓‘航海九星’——轩辕十四、角宿一、心宿二、河鼓二、北落师门、室宿一、娄宿三、毕宿五、北河三，这九颗星中的八颗（除掉偏于南天、可能另有作用的北落师门外），当时它们依次的赤经差约略相等，正是大自然为航海者准备好的天然‘灯塔’哩。我国则重视观测‘大火’（心宿二）的昏见。在黄河流域，约当夏商之交，大火昏见正是春耕播种季节的开始。又由于我国纬度较高，看拱极星的运动特别显著，于是自古以来也有观测北斗七星的回转以定四时的方法。”① 由此可见，各民族根据自身生存发展需要，诞生了不同的天文学。

随着文明的发展，尤其是近代科学革命以来，科学表现为一种纯粹的对自然知识和真理的追求，科学知识已经脱离了最初人类生存和具体实践的需要，摆脱了对日常生活需要的依存，成为一种独立的精神追求和社会建制，逐渐呈现出理论化、精致化和系统化的特征。科学知识似乎主要成为一种理论旨趣和智力游戏的活动，但是，在人类的进化和发展进程中，科学知识并不是“作为纯粹的知识的形象而存在”，而是“由脑及其智慧所表征出的对外界复杂环境的一种适应性探索，是对环境中的各种生存问题的一种试探性的应答”而存在。② 从生存和发展的视角看，当代与古代对科学知识的区别在于，古代人类对科学知识的需求主要在于适应自然环境和与其他物种相互竞争，为人类争取生存优势；当代人类已经满足了基本生存需要，对科学的需求转换为帮助人类解决面临的资源需求、环境污

---

① 郑文光 . 中国天文学源流 [M]. 北京 : 科学出版社 , 1979: 12.

② 郑慧子 . 批判与建构——一个关于文化的未来发展的构想 [M]. 开封 : 河南大学出版社 , 2000: 68.

染、气候变化等新的问题，以及用于人类内部不同国家、民族、地区之间的竞争。而且从社会建制上看，当代社会比古代更加有意识地、积极主动地驱动科学知识生产，使其为人类发展服务。科学知识发展的主要动力，仍然是人类社会发展的需求，只不过从人类基本生存问题转换为人类发展问题。生存论意义上的科学知识，到目前仍然是科学知识的最基本目的，是科学共同体存在的最基本原因和社会秩序建构的基础。只不过当代的“生存”，是更广义的生存，或者从严格意义上讲，科学知识作为人类对美好生活的向往和政治统治的工具。

二、作为政治统治工具的科学知识

科学知识是人类生存的工具，能够在日常生活中发挥重要作用，掌握知识便意味着在一定程度上影响着人类生存，因此，科学知识一直与权力相伴随，它既为科学家带来了权力，也为政治家所利用。科学与政治之间具有复杂的相互缠绕的关系。

在古代科学的起源和发展中，出现了因政治需要而促进其发展的科学知识。中国古代的天文学尤其明显，表现出“官方”特征[①]。中国古代的科学知识可以大致概括为农、医、天、算，天文学是其中革新较多、发展较快的知识体系。其原因主要是政治统治需要。中国传统思想认为天人合一、彼此感应，“人法地，地法天”，人们需要根据上天的变化而劳作和生活，天象的变化是地上人事现象的预兆，天象与人事有着密切的对应关系。皇帝是“天子”，其行为受制于天，应该知晓上天之事，根据天象变化来治理国家，对风调雨顺和自然灾害负责任。因此，中国古代历朝历代皇帝都非常重视天文观测和历法的修订，“‘观象授时’成为帝王统治的首要政治任务”[②]，天文学成为政治的一个重要组成部分。从中国古代天文台和其他文明古国的天文台的对比中，也可以看出中国古代天文学的政治身

① Needham J, Wang L. Science and Civilisation in China: Volume 3. Mathematics and the sciences of the heavens and the earth[M]. Cambridge: Cambridge University Press, 1959: 186.

② 孙小淳 . 天文学在古代中国社会文化中的作用 [J]. 中国科技史杂志 , 2009, 30(1): 5–15.

份。中国在公元前2000年就出现了天文台，而欧洲国家天文台直到17世纪末才出现；而且中国的天文台“持续时间之久，也是举世无双”，“唯独在中国，皇家天文台存在了几千年，不因改朝换代而中断”，“在伊斯兰世界，一个天文台的存在没有超过三百年的，它常常是随着一个统治者的去世而衰落”。[①]

源于日常生活和政治统治需要的科学知识在发展进程中有两种局限。一方面由于这种知识是实用知识，当其满足社会需要的时候，会出现停滞不前。比如，中国古代的数学以筹算计算为核心，主要源于生活和天文学需要，“中国现有传本中最古老的一部数学著作”《九章算术》和另一本“伟大著作”《数书九章》都是“以实际应用问题为主”[②]，“居于‘算经之首’的《周髀算经》实际上是一部天文学著作”[③]，这导致了中国古代数学由于社会发展需要而发展比较快，形成了发达的数学体系，但是，“到了明代，中国数学除了计算技术得到发展外，其余部分出现了停滞，像天元术和大衍求一术等，当时已基本上没有人能看懂了”[④]。另一方面，由于这种知识附属于其他传统，当所附属的传统发生变化时，它会出现停滞甚至衰退。比如，古代天文学传统中一直含有占星学传统，但是一直关注于以历法为核心的天文学传统，当后来占星学由主要关注历法转向主要关注巫术时，天文学便出现了衰退。[⑤]在各文明古国的科学知识中，很多都是如此，大部分在历史的进程中失去了发展动力，没有得到持续发展。

古代由于政治统治需要而诞生和推动的科学，虽然发展动力不足，往往中断，但是，在历史发展进程中，统治阶级一直根据政治需要在推动相关科学发展，在近现代表现尤其明显。18世纪开始，英国政府为了成为

① 席泽宗. 科学史十论 [M]. 上海：复旦大学出版社，2003: 139.
② 牟晓宇. 中西古代数学价值观探讨——《几何原本》传入中国的研究 [D]. 四平：吉林师范大学，2012: 5-7.
③ 席泽宗. 科学史十论 [M]. 上海：复旦大学出版社，2003: 140.
④ 郭华光，张晓磊. 试论中国古代数学衰落的原因及启示 [J]. 数学教育学报，2001, 10(2): 95-98.
⑤ 本－戴维. 科学家在社会中的角色 [M]. 赵佳苓译. 成都：四川人民出版社，1988: 44.

海洋强国而开展有组织的系列航海探险活动，在与法国、荷兰和西班牙的竞争中，英国更加有意识地利用科学社团——英国皇家学会获取科学信息，“科学社团在这样的氛围中被赋予民族责任”，皇家学会“更加密切地参与到航海探险的运作中”，对航海提供专业的建议和指导；“航海探险也推动着皇家学会科学研究的发展和自然科学的发展，因为每艘回到英国的海船都可能重塑并且改变自然科学知识”，科学研究与航海互动形成了良性互动，共同促进了英国的殖民扩张。[①]中国在鸦片战争以后，遭遇西方军事、文化的冲击，在救亡图存的探讨中，象征着坚船利炮的科学，被引入中国，承担救亡图存的使命；在新中国成立后，在面临战争压力、一穷二白的基础上，促进科技发展始终是政府的主要政策之一，科学承担着兴国的重任；在当代走向小康、实现中华民族复兴的道路中，科学发展、深化科技体制改革成为促进社会发展的重要力量，科学承担着富国的责任担当；“救亡保种的革命性语境—民族崛起的政治性语境—富国强民的经济性语境”是科学在被引入中国后的发展情景，科学的发展无法脱离政治形势。[②]

随着全球化和政府治理方式的转变，政治与经济、社会的关系缠绕在一起，科学知识不再是政治统治的工具，但是它是政府治理的工具，并且政府与科学知识的关系日益密切。一方面，在政府中工作和为政府工作的科学家日益增多，政府公共决策依赖于科学知识；另一方面，政府通过国立科研机构、国家实验室和科研经费，主导着与国计民生和国家竞争力相关的科学研究进程和规模。从政治统治工具的视角来看，科学知识在当代的政治服务功能比古代和近代表现更为突出，科学知识被用于政府对环境的监管和评价、法律的判决和执行等社会秩序的维持和重构等政府行为当中。

---

① 张建红 . 宗教、科学社团和航海：17–18 世纪英国的皇家学会和科学航海 [J]. 自然辩证法研究，2019, 35(8): 74–80.

② 李丽，李明宇 . 现代中国科学观转型的双重语境 [J]. 自然辩证法通讯，2019, 41(10): 102–107.

三、满足好奇心的科学知识

上述为了生存需要和政治统治与治理需要的科学知识，是一种有明确目的的实用科学，除此之外，还有一种科学是为了满足人们的好奇心和求知欲，是为了知识而知识。当我们谈到科学时，一般是这种科学，它也是近代西方科学的源头，它可以追溯到古希腊。在其他文明古国都追求实用科学知识的时候，古希腊对纯粹知识的追求，是一种奇迹。这种知识如此重要和让人激动，以致我们今天谈到（西方）哲学和科学时，“言必称希腊”。古希腊的科学在当时被称为自然哲学，属于哲学的一部分，具有哲学的特征，试图通过理性思辨探求事物的本质，“带领我们穿越可感世界的虚幻流变而抵达那纯粹的本质世界”①。

古希腊的科学有两个重要的特征。第一个特征是追求脱离实际用处、看似无用的知识。泰勒斯（Thales）是我们所知道的古希腊第一个哲学家和科学家，他有一次在走路时，只顾仰望星空而掉到了井里，遭到了女仆的嘲笑；苏格拉底（Socrates）对此评价道，“任何人献身于哲学②就得准备接受这样的嘲笑”。③这表明，古希腊诞生的哲学家和科学家并不关注知识的实际用处，而是对看似无实际意义的普遍性问题和纯粹知识感兴趣；他们从多种角度研究了世界的本源，从中“差不多可以找到以后各种观点的胚胎、萌芽”④；他们是理想主义者，对研究出上述知识非常高兴，据说毕达哥拉斯（Pythagoras）发现毕达哥拉斯定理后，竟高兴到安排了一个盛大的宴会，宰杀百头大牛，宴请了富人和当地居民进行庆祝⑤。第二个特征是对批判性和逻辑性的追求。古代东方国家对如何获取知识，往往通过神秘主义途径进行解释，强调个人的道德和悟性；而古希腊通过逻辑和理

① 吴奇．知识观的演变 [D]. 北京：中国社会科学院，2003: 1.

② 在古希腊，科学尚未从哲学中独立出来，哲学和科学是合二为一的，因此，本部分中哲学和科学并没有明确的区别。——笔者注

③ 柏拉图．柏拉图全集：第 2 卷 [M]. 王晓朝译．北京：人民出版社，2003: 697.

④ 恩格斯．自然辩证法 [M]. 于光远等编译．北京：人民出版社，1984: 49.

⑤ 恩格斯．自然辩证法 [M]. 于光远等编译．北京：人民出版社，1984: 38.

性来解释获取知识的途径，强调批判和思辨精神。在世界的本源问题上，出现了水、火、数、逻各斯、原子等不同的观点，对这些观点的评价以理性为标准。古希腊每个城邦都有一个广场，它是一个公共辩论的场所，其公共辩论的盛况颇让后人怀念。智者学派虽然因为收取费用和重视荣誉而饱受质疑，但是他们以逻辑推理的方法教人辩论，对于知识的发展具有积极作用。苏格拉底强调“自知无知”和“认识你自己”，发明了“精神助产术”，引导人们通过理性思辨获取真正的知识。对理性、逻辑和批判的重视成为古希腊哲学和科学的特点。

上述特点使古希腊哲学和科学走上了与其他文明古国不同的道路，它对科学知识的追求超越了人们生活和政治统治的需要，科学知识的意义不在于其社会功能，它本身即蕴含着精神财富和宝藏，值得人们去追求。这使得这种科学没有给古希腊带去强大的物质文明和中央集权，没有产生实际的用处和好处；但是也正因如此，这种科学摆脱了发展的瓶颈和约束，能够根据自身的理性和逻辑在战乱和朝代更迭中一直发展，走上独立存在和发展的道路，为近代科学知识的发展奠定了良好的基础。古希腊科学范式在当代被称为基础科学，是一种并不会迅速带来实际经济和社会利益的研究；与此相对的应用科学，能够快速带来社会物质收益，是一种求力的科学①，符合当代社会经济和政治发展需要。但是，基础科学仍然是当今非常重要的科学，仍然受到政府的重视，且重视程度开始得到提高，它“是人类文明进步的动力，是科技创新的源泉，是科技人才培养的最有效途径”②。

① 吴国盛. 从求真的科学到求力的科学 [J]. 中国高校社会科学, 2016(1): 41–50.

② 程津培. 基础科学至关重要：新时期加强我国基础研究的意义及对策 [J]. 中国软科学, 2004(5): 1–4.

第三节　作为一种权威的科学知识

一、科学知识成为真理的代名词

古希腊开启的知识论传统伴随着对真理的追求。柏拉图（Plato）把世界分为可见世界和可知世界，前者是后者的影像和模仿，是一种幻觉，每个人都可以对它发表意见，意见与知识（真理）无关；后者才是真实的存在，是永恒的理念世界和前者的原型，只有通过哲学思考才能认识它，获得知识（真理）。柏拉图为研究知识开辟了道路，即通过对理念世界的研究获得知识；确立知识的定义，即“真实的信念加上解释（逻各斯）”①（现代的说法是“得到辩护的真信念”）；奠定了西方古典知识论传统②，真理成为知识的目标，哲学思辨是获得真理的途径。然而，这个时期近代科学思想的萌芽已经出现了，泰勒斯通过对多种自然事物的观察，认为水是世界的本源，建立了理性和观察相统一的科学方法，被称为西方第一个哲学家和科学家，对随后学者的思维方式产生了重要影响。亚里士多德（Aristotle）是“古希腊哲学的集大成者”和“古代最博学的人”，区分了哲学和科学，认为前者是一种普遍科学，后者是“截取一个部分作为研究对象”的特殊科学，使用“尊重经验，跟随现象，继而归于理智和思维”的哲学方法③，建立了归纳演绎法的科学方法④。科学方法是追求真理方法的组成部分，科学知识是真理的一部分。

到了中世纪，基督教思想适应了人们需要，得到快速发展，统治了欧

① 柏拉图．柏拉图全集：第2卷[M]．王晓朝译．北京：人民出版社，2003: 737.

② 俞吾金．知识论哲学的谱系及其对马克思主义哲学研究的影响[J]．马克思主义与现实，1997(2): 9-18.

③ 苗力田．《亚里士多德全集》序[J]．哲学研究，1989(7): 57-63.

④ 孙伟平．亚里士多德的直觉归纳演绎法述评[J]．北方工业大学学报，1991, 3(4): 32-37.

洲，“除了尽宗教上的各种职责，还执行着教育、行政以及中古时代初期的法律和医学等职能”[①]，哲学和科学成为神学的“婢女”，反对人们进行自由探索。据《圣经》记载，亚当和夏娃因为偷吃智慧树上的果实、拥有了知识，触怒了上帝，从而被逐出伊甸园，于是人类有了原罪。人类在迁徙的过程中，试图建造一座通天之塔（巴别塔），上帝再次被触怒，认为，如果人类建塔成功，日后将为所欲为，于是改变了人类的语言，使他们之间无法沟通。这两个故事反映了基督教对知识和理性的拒斥，上帝成为获得真理的途径。但是，在中世纪具体学术研究中，理性并不是完全不让使用，而是仅限于对于上帝的证明和古典知识的考证当中，上帝是不可怀疑的最高真理，比如，在阿奎那（Thomas Aquinas）的自然神学中，用人的理性来代替神启和古代权威。与以往的宗教相比，基督教的神秘主义色彩少了很多，彰显了理性在研究中的地位。该时期科学知识的主要作用在于促进社会经济发展，对自然规律和本质的研究不仅没有冲击对上帝的信仰，而且帮助人们理解上帝的伟大，从而不仅没有得到宗教的完全反对，而且得到一些神学家的支持，一些学者既是神学家，又是哲学家和科学家，科学研究活动得以保存下来。尤其在英格兰，“科学和宗教之间不仅没有相互对立，还逐渐地相互适应和影响，求同存异，直至融合。科学实验和研究扩展人类认知的视野，增加对大自然的了解，这种更深刻的了解进而加深人类对上帝的认识，更加感激上帝的创造，敬仰体现在创造天地中的上帝的力量、智慧和仁慈。”[②]基督教肯定人的意志且教徒可以通过宗教仪式与赎罪的神（耶稣，Jesus Christ）合为一体[③]，重视人的世俗功绩，与古希腊科学相比，给科学知识增加了实用主义倾向。

文艺复兴给哲学、艺术、文学和科学领域带来了思想大解放，虽然“绝大多数艺术家和思想家都有自己的宗教信仰，但是，他们基本不再完

① 马雪梅 . 西方历代科学观演变过程研究 [D]. 长春 : 东北师范大学 , 2011: 9.

② 张建红 . 宗教、科学社团和航海：17−18 世纪英国的皇家学会和科学航海 [J]. 自然辩证法研究 , 2019, 35(8): 74−80.

③ 沃尔克 . 基督教会史 [M]. 孙善玲 , 段琦 , 朱代强译 . 北京 : 中国社会科学出版社 , 1991: 12.

全依赖于宗教信仰来审视人性和人生”、强调人的独立性和在社会发展进程中的重要性、对自然比对古典典籍更加感兴趣[①]，人文主义逐渐代替基督教思想成为社会的主流思潮，重视实验、反对权威，引起了科学革命的发生，诞生了近现代科学，理性和实验的结合成为科学知识生产的途径和保证科学知识正确性的手段。14 ～ 15 世纪，欧洲的大学中“设置了数学、天文学、自然哲学、亚里士多德物理学等教席”，科学研究成为一种独立的职业。[②] “到了 17 世纪，欧洲有一些人在历史上第一次认为自己是科学家，并且认为科学家的角色具有独特的责任并有存在的可能性”[③]，第一批有组织的、正式的、致力于进行科学研究和传播科学知识的近代科学共同体（意大利西芒托学院、英国皇家学会、法兰西科学院）成立[④]。科学研究活动成为一种独立的社会建制，使得科学知识不会因个人兴趣的转移而中断，更容易获得社会声誉和传播。科学知识的发展不仅给社会带来了巨大的益处，而且因其宣称具有可重复性、客观性和确定性，人们认为只要遵循正确的程序，就能揭示事物的真相，科学活动具有独立的逻辑、价值和目标，自然的权威独立于并且优先于社会的权威[⑤]，科学成为比哲学和宗教更正确和更合理的认识真理的途径。因此，科学知识产生了两个特点：有用性和真理性。前者使它获得世俗的认可，后者使它满足了人们的精神追求，科学知识成为知识的典范、贵族和绅士追求的目标和真理的代名词，从而确立了其权威地位。

在科学成为独立的建制之前，科学研究经费和科学家生活费用主要来源于贵族的资助和个人从事其他职业的收入；近代科学的发展使科学研究

---

① 郝苑，孟建伟. 从“人的发现”到“世界的发现”——论文艺复兴对科学复兴的深刻影响 [J]. 北京行政学院学报, 2013(4): 109−113.

② 尚智丛. 科学社会学——方法与理论基础 [M]. 北京：高等教育出版社, 2008: 117.

③ 本 − 戴维. 科学家在社会中的角色 [M]. 赵佳苓译. 成都：四川人民出版社, 1988: 90.

④ Elzinga A, Jamison A. Changing policy agendas in science and technology[M]//Jasanoff S, Markle G E, Petersen J C, et al. Handbook of Science and Technology Studies. Rev. ed. Thousand Oaks: Sage Publications, 1995: 572−597.

⑤ Edge D. Reinventing the wheel[M]//Jasanoff S, Markle G E, Petersen J C, et al. Handbook of Science and Technology Studies. Rev. ed. Thousand Oaks: Sage Publications, 1995: 3−23.

成为一种独立的建制，科学知识成为真理的代名词和认识论权威，从事科学研究是一种受人尊敬和令人羡慕的职业。科学家的生存不再依赖于贵族和其他职业，科学家只要认真从事科学研究就会得到教会和社会的认可和支持，开始承担起知识生产的主要角色，数学、物理学、天文学、化学、生物学、医学等自然科学领域取得了巨大进步。此外，通过学会和大学自治制度，科学家改变了传统教育制度和学术传统。

二、科学知识的特征和扩张

与古代科学相比，近代科学在两个方面发生了重要转变。一方面，从对日常经验的观察和沉思转向对实验的介入和操作，日常经验往往具有个体性和不可控性，实验具有更强的可操作性、可重复性，从而获得更多人的见证，实验结果容易使人产生确定性的观念；另一方面，古希腊的理性传统通过进一步发展和规范，转变成了数学化传统，把古代和中世纪那种模糊的、多样化的和神秘的自然转变成一种机械论法则支配的系统[①]，科学知识以数学化的方法呈现出来，从而给人留下精确性的印象。二者的结合可以从不同的逻辑进路推演出不同的科学知识特征，比如抽象性、可靠性、客观性、系统性、普遍性等等，这是一个有争议的话题；但是总体来说，这个时期科学知识的特征可以进行如下概括：客观性、可重复性、精确性、可检验性。科学家和社会大多数人都相信，科学是一种认识真理的活动，是“通向繁荣和无限进步的真正途径”和“新工业文明不可缺少的一个特征”[②]，必然会造福人类；科学共同体会遵循“普遍主义、公有性、无私利性以及有组织的怀疑精神”[③]，从而保证科学知识的客观性和科学共同体的公正。与哲学和神学相比，科学知识具有一种独立于各学派观点的

① Burtt E A. The Metaphysical Foundations of Modern Physical Science: A Historical and Critical Essay[M]. New York:Dover, 1954: 169–170.

② 马雪梅 . 西方历代科学观演变过程研究 [D]. 长春 : 东北师范大学 , 2011: 13.

③ Merton R K. The Sociology of Science: Theoretical and Empirical Investigations[M]. Chicago: The University of Chicago Press, 1973: 270.

中立的知识生产和接受的规则，科学家不必再像哲学家和神学家一样，在不同的观点之间进行无休止的争论，只要遵循正确的程序就会自动获得科学知识，不同观点的科学家在相同的规则下进行研究活动，最后达成一致意见。

因此，科学知识诞生之后，因其具有显著的改变世界的工具属性，对人们社会生活发展产生了重要影响，“近代世界与先前各世界的区别，几乎每一点都能归源于科学”①。正是科学带来了举世瞩目的巨大成就，使得科学在两个方面快速传播。一方面，科学活动在地域上传播。17 世纪以前，“科学活动仅仅出现在西欧少数几个国家”，“但从 19 世纪以来，世界其他地方也都已吸收了科学知识”②，当今世界几乎任何国家都致力于发展科学知识。另一方面，科学精神在研究领域和社会生活中传播。首先是科学方法向社会科学和人文科学的扩张，德国、英国和法国在 19 世纪已经把科学方法应用到人文研究中去③，之后在世界范围内科学开始侵占社会科学和人文科学研究。一方面是其他学科主动借用科学方法，从而使自己获得像科学一样的确定性，提高自己的社会地位。比如，边沁（Jeremy Bentham）和詹姆斯·密尔（James Mill）都受科学进步和方法的影响，试图用科学方法研究民主和政治问题。④经济学、管理学、社会学、心理学等都在采用科学方法。另一方面是科学方法对其他领域的入侵。典型的是逻辑经验主义，认为“人乃是对某种范围的刺激做出规则反应的系统”，正义、道德、习惯和法律等都是一系列的确信，人类所有的事务都可以用科学方法进行客观研究⑤；科学语言是元语言，应该用科学来改造哲学，应该“用逻辑工具、物理语言对传统哲学进行彻底改造”⑥。中国科玄论战中

① 罗素．西方哲学史：及其与从古代到现代的政治、社会情况的联系：下卷 [M]．马元德译．北京：商务印书馆，1996: 49.
② 本 – 戴维．科学家在社会中的角色 [M]．赵佳苓译．成都：四川人民出版社，1988: 41.
③ 本 – 戴维．科学家在社会中的角色 [M]．赵佳苓译．成都：四川人民出版社，1988: 185.
④ Held D. Models of Democracy [M]. 3rd ed. Cambridge, MA: Polity Press, 2006: 75.
⑤ 博兰尼．自由的逻辑 [M]．冯银江，李雪茹译．长春：吉林人民出版社，2002: 9.
⑥ 贾敬华．逻辑实证主义批判及其语境分析 [J]．云南社会科学，2006 (3): 44–48.

科学派也持类似的观点，试图用科学指导人生观。其次是科学文化向宗教文化和人文文化的拓展。在西方文化传统中，科学与宗教虽然有千丝万缕的联系，但是自从近代科学诞生之后，二者的战争一直在持续，虽然宗教一直在抗争，表现出持久的生命力，但是毫无疑问，科学不断侵占宗教的领域，甚至迫使宗教思想适应科学。科学文化与人文文化的战争随着科学在社会物质建设中的力量的凸显而爆发，人们崇拜科学知识迅速带来的财富积累和工业建设，科学文化入侵着人文文化。科学产生了新的社会分工和社会分层，导致了社会结构的变化，以致人们今天，无论什么学科和事物，总是希望以“科学”自居。

古希腊科学知识的目标主要侧重于探求世界的本质和终极真理，这与哲学和宗教的目标一致，没有使科学研究活动获得独立性。即使科学发展到今天，如果仍然仅仅从上述目标来讲，科学与哲学和宗教之间的战争仍然难分胜负，科学知识的进步是在具体研究内容和问题上的进步，它必须在一定严格约束条件下具有较高程度的确定性、可检查性、可证伪性；而对世界本质和终极真理的阐述往往是宏大叙事和能够解释一切，因此，从某种意义上看，科学知识的进步被宗教学家看来能够被证明宗教真理，这也是二者之间始终处于争论之中的重要原因。科学对宗教的反驳是在论证过程层面的反驳，宗教对科学的反驳是在终极目标层面的反驳，二者的争论并不在一个层面。近代科学知识的重要性正是在于其主要目标从对终极问题的探索转向对具体研究方法和研究过程的关注，与哲学和宗教有了明确区分，关注的问题成为从世界分割出来的具体问题，科学知识生产过程成为一种能够亲眼所见的过程，科学理性和真理不是先验的、预设的，而是在实践中生成的，是通过改变世界来进行检验的，科学知识能够被广泛运用到实际生活需要和生产实践当中，成为一种认识论权威。科学共同体只要遵循科学方法进行知识生产，就会获得人们的承认和尊敬。

第四节 作为竞争资源的科学知识

一、政府和个人对科学和科学家的支持与依赖

科学知识的重要性，尤其是获得政府认可的重要性，充分体现在战争中。达·芬奇、伽利略、笛卡儿、莱布尼茨、牛顿等许多著名科学家的研究都与军事相关①，伽利略还因此获得了政府职务②。在第二次世界大战期间，科技的力量得到了淋漓尽致的发挥，尤其是原子弹的成功研制和爆炸使政府看到了科学的巨大威力，科学和科学家日益获得政府的重视。

第二次世界大战（简称二战）之前，“到了第一次世界大战时期，科学家和工程师已经成为现代工业国家形成过程中的关键行动者”③；到了第二次世界大战，美国为了研制原子弹，大量拨款，集中了大量科学家，实行了“曼哈顿工程”，最终造出了威力超出制造之初科学家想象的原子弹。这使物理学家一夜之间成为政府最需要的军事资源④，政府认识到科学的重要性，开始对科学进行大量资助，政府决策对科学的依赖性日益增加。1945 年，美国科学家、科学研究与发展办公室主任万尼尔·布什向美国政府提交了《科学：没有止境的前沿》⑤，认为政府应该关心和支持科学；1950 年美国成立了国家科学基金会（National Science Foundation），年

---

① 默顿. 十七世纪英国的科学、技术与社会 [M]. 范岱年，吴忠，蒋效东译. 成都：四川人民出版社，1986: 283.

② 罗素. 西方哲学史：及其与从古代到现代的政治、社会情况的联系：下卷 [M]. 马元德译. 北京：商务印书馆，1996: 5.

③ Elzinga A, Jamison A. Changing policy agendas in science and technology[M]//Jasanoff S, Markle G E, Petersen J C, et al. Handbook of Science and Technology Studies. Rev. ed. Thousand Oaks: Sage Publications, 1995: 572−597.

④ Rhodes R. The Making of the Atomic Bomb[M]. New York: Simon & Schuster, Inc., 1986: 751.

⑤ Bush V. Science, The Endless Frontier[R/OL]. United States Government Printing Office, 1945. [2016-07-29]. https://www.nsf.gov/about/history/nsf50/vbush1945_content.jsp.

均预算高达 75 亿美元，其目的是促进科学进步、国家繁荣和保证国家安全①，从中可以清楚地看到，美国政府认为科学研究和国家繁荣及国家安全之间的因果关系；1957 年，美国总统艾森豪威尔任命麻省理工学院（MIT）校长基里安（Killian）为美国历史上第一个专职总统科技顾问，组建了由二十余名著名科学家（兼职）组成的总统科学顾问委员会（President's Science Advisory Council, PSAC），这标志着科学家成为美国公共决策中的核心参与者之一②。其他世界主要国家也都日益增加对科学的资助和对科学家的依赖，比如中国：2013 年中国共产党第十八届三中全会明确提出"加强中国特色新型智库建设，建立健全决策咨询制度"③；2015年中共中央办公厅、国务院办公厅印发了《关于加强中国特色新型智库建设的意见》，并发出通知，要求各地区各部分结合实际认真贯彻执行④；2018 年国家自然科学基金委员会对科研项目的直接资助费用高达 260 亿元⑤。

与政府公共决策一样，对于个人来说，很多决策也依赖于科学，这主要体现在两个方面。一方面，当今几乎所有的公共决策都与科技相关，比如，近年在中国和世界引起公众不断争论的 PX 项目、转基因食品、干细胞治疗等等，如果个人不理解和掌握一定的相关知识，就无法在相关公共决策中做出理性和负责任的表态。另一方面，"随着科学在人类认识自然和改造自然的实践中发挥着愈来愈重要的作用，科学在整个人类意识形态体系中的权威地位日益得以巩固"⑥，以致个人日常生活也越来越依赖于科学知识，个人对自己的饮食、是否生病需要去医院诊断、使用的生活用品是否具有毒性等等，许多情况下都是依据科学知识进行判断。

---

① National Science Foundation. About the National Science Foundation[EB/OL]. [2016-07-29]. https://www.nsf.gov/about/.

② 汝鹏，苏竣．科学、科学家与公共决策：研究综述 [J]. 中国行政管理，2008(9): 111-117.

③ 人民日报．中共中央关于全面深化改革若干重大问题的决定 [N]. 人民日报，2013-11-16(1).

④ 新华社．中共中央办公厅、国务院办公厅印发《关于加强中国特色新型智库建设的意见》[N/OL]. (2015-01-20)[2016-07-29]. http://www.gov.cn/xinwen/2015-01/20/content_2807126.htm.

⑤ 张茜．自然科学基金委公布 2018 年资助账单 [N]. 中国青年报，2019-3-27(03).

⑥ 金俊岐，胡杨．科学中的权威与权威的科学——默顿传统科学社会学中的科学权威问题述评 [J]. 河南师范大学学报（哲学社会科学版），2000, 27(4): 33-37.

二、科学知识的特征

从科学知识诞生起，基督教不同教派之间把它作为斗争的工具来使用，不同的人接受它的原因也不同。当天主教对伽利略进行迫害时，新教利用这个事件发起攻击和促进新教的发展。当时新教派系之间存在着相互争斗，在信徒中还没有形成有效的权威，新教利用科学超越意识形态的中立性这个特征，支持科学，促进新教派系之间的统一。清教徒接受科学是因为“科学似乎比异教徒的人文主义的学问害处小得多”。其他接受科学的人当中，“有些人是因为对更世俗的东西感兴趣，有些人是因为憎恶任何可能使他们回到旧政体的事物”。[①]由此可见，科学知识一开始就被宗教、政治、社会团体作为一种工具和竞争资源来使用。但是，在历史上，科学从来没有像今天这样，以一种非常显著的方式成为国家和个人之间的竞争资源，“竞争资源”成为科学知识的新特征。

传统上，科学活动是在学院中进行的，今天，科学活动至少在三个地方发生，即在大学中进行的学院科学（academic science），在企业中进行的产业科学（business or industrial science）和在政府资助的国家实验室中进行的政府科学（government science）。[②]政府已经开始主导和组织科学发展，促进国家目标的实现已经成为科学活动的重要原因和最终目标[③]，国家之间的竞争已经成为科学知识之间的竞争。在个人竞争中也是如此，拥有科学知识的人往往处于社会上层和决策层，掌握着话语权和社会权力，缺乏科学知识的人往往处于社会下层和受支配地位。

科学知识在任何一个历史时期，都存在附属产品、真理和竞争资源三种观念，但是在总体上，科学知识的观念随着时间推移经历了从一种附属产品到真理的代名词，再到一种竞争资源的变化。这种变化是随着科学知

① 本 - 戴维 . 科学家在社会中的角色 [M]. 赵佳苓译 . 成都 : 四川人民出版社 , 1988: 135−138.

② Bridgstock M, Burch D, Forge J, et al. Science, Technology and Society: An Introduction[M]. Cambridge, UK: Cambridge University Press, 1998: 17.

③ 尚智丛 , 卢庆华 . 科学的“计划”与“自由”发展 : 争论及其影响 [J]. 自然辩证法研究 , 2007, 23(4): 64−66.

识表现出的日益增强的对自然和社会改造的力量而展开的。在今天，科学知识所表现出的力量如此之强大，以致它不仅成为国家建设、社会发展和个人生活的有力工具，而且成为国家、社会和个人不平等的重要原因。科学知识造成的这种发展趋势，与人类所追求的民主、平等的价值观念形成了冲突，从人类价值和民主的角度对科学知识进行反思，是科学知识需要解决的问题。在进一步研究科学知识的民主化之前，需要对科学知识的公共性问题进行分析。

第五节　科学知识的公共性

公共性是相对于个体性而言的，它源于个体生产实践的非自足性和差异性，在个体彼此之间的交往中，主体间性得到确立，公共性问题凸显。在知识生产领域中，近代科学的诞生，改变了哲学和宗教等传统知识的生产方式。知识生产成为一个基于实验基础之上的可视化过程，科学实验取代了静观和思辨，集体见证取代了个人沉思，科学知识成为一种公共产品，具有了公共属性。20 世纪中叶以来，随着科学知识生产范围的持续扩展和程度的不断加深，科学知识在人们公共生活和公共交往中发挥的作用出现了变化，科学知识的公共性程度在与社会环境互动中持续提高，与之伴随的科学知识生产民主在 21 世纪成为学术界关注的新焦点之一。厘清科学知识公共性含义的变化及其与科学知识民主化之间的关系，是研究当代知识社会中科学共同体社会角色的前提。

一、学院时代科学知识的公共性

我们现代对世界的思考方式起源于柏拉图哲学[①]，它认为知识是“鲜明

① 吴奇 . 知识观的演变 [D]. 北京 : 中国社会科学院研究生院 , 2003: 12.

的事物的原型”和“事物的理想实在”[①]，知识生产过程是对可以感受的现象世界进行静观和思辨，最终达到对永恒不变的理念世界的认识。只有经常专注于理性的哲学家才能生产出知识，他们生活在学院中，不关注现实世界和知识的实用性，为了满足好奇心而进行认识论意义上的知识生产，开创了知识生产的学院模式。中世纪，基督教思想统治了欧洲，成为学术界主流，基督教学者成为知识生产的主体，他们继承了古希腊的知识生产学院模式，强调个体知识生产者的贡献，知识生产过程具有个体性和非公共性。但是，古希腊和中世纪的知识生产注重知识生产者之间的理性辩论和知识的传播与共享，通过彼此之间的讨论和磋商修改自己的观点、最终形成知识，知识具有公有性的特征，知识生产者关注的是对公共问题的探讨，强调知识生产结果通过辩论和修订获得知识共同体和公众的认可。这为知识生产的公共性留下了空间。

随着近代科学革命的发生，知识生产的直接目标从对真理的追求转向对自然事实的描述，在知识生产中引入了科学实验和数理逻辑，证据采集取代静观思辨成为科学知识生产的过程，合作研究方式成为新的认知形式[②]。在古希腊知识生产传统中，人类理性是知识可靠性的保证，知识生产者独立于知识生产过程之外；在科学革命开创的知识生产方式中，科学实验过程的具体性和逼真性是知识可靠性的保证，科学实验正确性的保证与具体的人、时间和地点有关，知识生产者成为知识生产过程的一部分[③]。科学事实的诞生依赖于物质技术、书面技术和社会技术，波义耳对霍布斯争论的胜利、皇家学会对科学研究方法的确定等，是依赖于可视化的客观性对依赖于逻辑性的纯粹推理的胜利，共同体成员集体见证是知识正确性的判断依据。[④]科学家在实验过程中有实验记录，以此作为真实存在的证据；

① 柏拉图．柏拉图全集：第 2 卷 [M]. 王晓朝译．北京：人民出版社，2003: 473.

② Dear P. Totius in verba: rhetoric and authority in the early Royal Society[J]. Isis, 1985, 76(2): 145–161.

③ Dear P. Totius in verba: rhetoric and authority in the early Royal Society[J]. Isis, 1985, 76(2): 145–161.

④ Shapin S, Schaffer S. Leviathan and the Air-Pump: Hobbes, Boyle, and the Experimental Life[M]. Princeton: Princeton University Press, 2011: 76–79.

实验室同事之间和课题组成员之间的交流和见证，使得实验过程和结果有了见证人，更容易得到人们的信任。科学知识生产是在特殊语境中，以案例的形式进行的，通过归纳推理得到一般性的结论，具有可操作性、易表达性和传递性的特点。知识生产过程具有了可视化和可见证性的特征，成为对自然物质的搜集、分类和秩序化的过程[①]，个体知识生产者的沉思转化为集体对个体知识生产者进行实验见证过程。科学知识生产者之间具有共同的形式化语言、逻辑规则、磋商机制，注重交往和合作，科学知识是集体交流和沟通的产物，把个人知识转化为公共知识，具有公共性的雏形。

新的知识生产方式在研究中迅速得到扩展，人类对自然界的认知范围和程度持续扩大和深入。与此相伴随的是对自然秩序的重构，且对知识生产和人类生活产生了更大的影响。从17世纪到18世纪，大量的新事物被发现，它们是一堆无序的自然现象，科学知识生产过程重新分类了自然事物、拓展了认知空间、有序排列了信息，建构了一种新的社会文化和空间秩序；19世纪末起，“科学技术的进步变成了一种独立的剩余价值来源”[②]，科学知识生产开始服务于社会经济发展和公众日常生活需要。科学知识生产方式的选择与不同价值观和政治组织方式的争夺[③]、国家财富的积累和权力的拓展[④]密切相关，科学实验和数理传统相结合的知识生产方式满足了社会对知识实用性的要求，科学知识生产成为一种与经济发展、意识形态和国家安全共同演进的公共性事件。科学知识生产空间从个体空间扩展到知识共同体空间，进而扩展到社会公共空间，成为一种公共性的生产活动，是社会不同行动主体之间交往的产物，科学知识具有了公共属性。

---

① Stewart L. The element publicum[M]//Porter J M, Phillips P W B. Public Science in Liberal Democracy. Toronto: University of Toronto Press, 2007: 23–39.

② 哈贝马斯 . 作为“意识形态”的技术与科学 [M]. 李黎 , 郭官义译 . 上海 : 学林出版社 , 1999: 62.

③ Shapin S, Schaffer S. Leviathan and the Air-Pump: Hobbes, Boyle, and the Experimental Life[M]. Princeton: Princeton University Press, 2011: 341.

④ 李猛 . 帝国博物学的空间性及其自然观基础 [J]. 自然辩证法研究 , 2017, 33(2): 88–92.

二、后学院时代科学知识的公共性

20世纪中叶起，科学研究的实践方式经历了彻底的转变，导致了科学共同体的社会规范的转变，“学院科学正在让位于后学院科学”。[①] 科学知识的公共性问题凸显出来。

首先是科学问题提出的公共性。人们对自然的认识是通过镶嵌于语言中的概念网络这个“透镜”来进行的，所有类型的问题都是在一个特定探索背景中提出来的，探索背景限定了人们期望和疑问的内容。[②] 在古希腊和科学革命时期，科学家并不是一个谋生的职业，科学问题的提出主要源于个体知识生产者的兴趣；1834年首次出现了“科学家”一词[③]，到20世纪20年代该词得到了科学界、学术界和新闻界的普遍承认[④]，科学知识生产者成为一种受到社会承认和尊敬的职业，到20世纪40年代，科学共同体一词应运而生，个体科学家“无法孤立地实践自己的天职。在制度的框架当中，他必得占有一个确定的地位。化学家会成为化学专家中的一员；动物学家、数学家、心理学家——他们每个人，都属于专业化了的科学家之特定的集团”[⑤]，科学知识自身发展的逻辑结构取代个体科学知识者自身的兴趣成为科学问题的主要来源，科学共同体取代个体科学家成为科学问题的提出者。科学在第二次世界大战中发挥出的巨大威力，使得科学研究从“纯研究”转化为“基础研究”，看似是不同词语的同义转化，但是事实上暗含着科学知识能够应用于实际，并能够促进诸多社会福祉的增加。[⑥]

---

① Ziman J. Real Science: What It Is, and What It Means[M]. Cambridge, UK: Cambridge University Press, 2000: 67–82.

② Laudan L. Progress and Its Problems: Towards a Theory of Scientific Growth[M]. Berkeley: University of California Press, 1977: 15.

③ Kragh H. An Introduction to the Historiography of Science[M]. New York: Cambridge University Press, 1987: 25.

④ 陈光. Scientist 一词的社会承认——纪念惠威尔提出 Scientist 一词 150 周年 [J]. 科学, 1990, 41(3): 171–175.

⑤ 博兰尼. 自由的逻辑 [M]. 冯银江, 李雪茹译. 长春: 吉林人民出版社, 2002: 57.

⑥ 龚旭. 政府与科学——说不尽的布什报告 [J]. 科学与社会, 2015, 5(4): 82–101.

此外，还出现了“任务定向基础研究”①和“应用基础研究”②，科学知识生产与科学知识应用之间的界限在模糊，科学知识生产明确承担了服务于经济发展和国家建设的使命，科学知识生产者通常所承担的研究具有浓厚的应用色彩，与政府、公众和企业联系日益紧密。科学问题的提出不再由科学知识自身发展的逻辑结构和科学共同体所决定，而是由知识、政治、经济等多种元素所决定，由科学共同体、政治家、企业家和公众不同行动者之间的磋商所决定。

其次是科学问题解决的公共性，即科学知识承认的公共性。“科学”一词的含义具有历史性和情境性，科学术语的含义、科学概念之间关系是否得到了确认及其蕴含的意义和价值，由科学知识的逻辑结构、社会因素和政治因素共同决定。近代科学因符合当时社会中占主导地位的清教伦理精神而战胜了古代科学，近代科学知识生产方式因符合资产阶级对新生活方式建构的需要而获得了自治权，人们对科学知识生产者充满了期待和信任，科学问题的解决在科学共同体内部完成，人们基于对科学体制的信任而信赖、承认科学知识。科学知识不负众望，在推动生产力发展、促进经济发展、提高社会福祉方面发挥了巨大作用，到第二次世界大战时，“官员、军人和政治家，在行使他们的社会职责时，按照严格的科学建议来办事”③，科学知识在经济、文化、政治等社会各领域中获得了空前重要的地位，得到了人们极大的赞誉。科学共同体解决科学问题的权力得到了日益巩固，科学共同体对科学知识的承认等同于社会对科学知识的承认。然而，科学知识在社会各领域的扩张也为其自身埋藏着危机。科学知识是在实验室特定条件中生产出来的变量之间的数理关系，当这些关系转换空间应用到真实自然和社会空间时，增加了许多实验室所排除掉的变量，这些

① Wang Z Y. In Sputnik's Shadow: The President's Science Advisory Committee and Cold War America[M]. New Brunswick: Rutgers University Press, 2008: 56.

② Wang Z Y. The Chinese developmental state during the Cold War: the making of the 1956 twelve-year science and technology plan[J]. History and Technology, 2015, 31(3): 180–205.

③ 哈贝马斯．作为“意识形态”的技术与科学[M]. 李黎，郭官义译．上海：学林出版社，1999: 97.

变量在某些情况下使得科学知识应用在自然环境、人类社会等方面产生重大的负面影响。20 世纪中叶开始出现日益严重的全球环境污染、欧洲的疯牛病危机、旷日持久的充满争议的转基因食品安全问题和气候变化问题、始终无法杜绝的核电站事故等等，使得科学知识和科学共同体失去了人们的充分信任，科学自治受到了质疑，政府、公众、企业参与到科学问题的解决中，日益增多的科学问题成为政治问题和社会问题，科学知识生产成为社会中心话题，科学知识的承认成为公共性问题。

与该问题密切相关的是科学知识生产进度的公共性，科学与人文的边界、科学与政治的边界在消失，科学知识生产进度受到其他学科知识和政治因素的制约。科学知识生产作为一种社会实践，与实践情景紧密联系，不可避免在思维方式、运用资源、社会权利等方面形成交织和纠缠。近代科学诞生之后，以拥有“客观性”知识的姿态，先后与古代科学、宗教、人文学者发生了冲突并获得了胜利，争取到了政府和公众的支持，拥有了自治权。然而，20 世纪中期，人们发现原子弹爆炸的杀伤力远远超出倡议制造者的想象，纳粹战犯医生对集中营的受害者进行惨无人道的人体实验，DDT（双对氯苯基三氯乙烷，杀虫剂）及各种化学物品造成的环境污染威胁着人类生活的自然环境和身体健康，这三大事件“使许多科学家感到如此震惊，使他们经历了良心危机，觉得有必要对他们自己的活动进行反思”[①]，人文学者、公众和政府开始反思和规范科学知识生产活动。科学、哲学、心理学、社会学等不同学科对某一问题能够单独提取变量、逐层分析研究，但是无法对该问题产生的重要社会结果进行全面分析研究。当科学知识跨出实验室，渗透到社会的方方面面时，科学知识成为一种公共知识，单一的科学方法无法承担这种任务。人们逐渐发现，科学知识生产不是对自然的镜像式表征，而是进行特定的介入，知识生产过程蕴含着社会秩序建构，它嵌入了人们的身份界定、社会规范和习俗、话语表达方

① 邱仁宗．科学技术伦理学的若干概念问题 [J]. 自然辩证法研究，1991, 7(11): 14–22.

式、生产工具、社会体制[1]，重新界定着专利的含义和可申请专利的范围、生命和非生命的界限、发明之物和自然产品的界限、分配方式[2]，在认识自然的同时建构着社会秩序。科学知识生产进度不能由科学家独自掌控，应该由人文学者、政治家、公众等异质行动者磋商决定，确保科学知识与其他知识的协调发展和公共利益的实现。

三、科学知识生产的国家化

科学知识的公共性特征使得科学知识从学科知识走向公共知识，在该转变的过程中，科学共同体的知识生产向国家化实践转变。科学知识生产公共性的凸显进程，伴随着科学知识生产国家化的进程，即“科学作为子系统整合于国家机器之中并形成科学—技术—经济—军事—文化的综合体的进程”[3]。近代科学诞生不久，政府就意识到科学知识对于国家安全的重要性，伽利略自称会改良大炮和筑城术，因此获得了政府职务[4]；17 和 18 世纪国立科研机构成立，国家开始参与科学知识生产，到 19 世纪后半叶，国家成为科学知识的组织单位和主要领域，标志着科学知识生产国家化的完成[5]。20 世纪中叶以来，科学知识成为政府公共决策和国际竞争的关键要素，科学知识生产的国家化身份显著增强，主要表现在以下三个方面。

第一，政府制定科技评估制度，对科学知识生产过程和内容进行约束。科技评估制度随着科学知识在社会应用中的广泛性而不断演进，最

---

① Jasanoff S. The idiom of co-production[M]//Jasanoff S. States of Knowledge: The Co-production of Science and Social Order. London: Routledge, 2004: 1−12.

② Jasanoff S. The Ethics of Invention: Technology and the Human Future[M]. New York: W. W. Norton & Company, 2016: 182−196.

③ 高洁，袁江洋. 科学无国界：欧盟科技体系研究 [M]. 北京：科学出版社，2015: iv.

④ 罗素. 西方哲学史：及其与从古代到现代的政治、社会情况的联系：下卷 [M]. 马元德译. 北京：商务印书馆，1996: 5.

⑤ Crawford E, Shinn T, Sőrlin S. The nationalization and denationalization of the sciences: an introductory essay[M]//Crawford E, Shinn T, Sőrlin S. Denationalizing Science: The Contexts of International Scientific Practice. Dordrecht: Springer Science, Business Media B.V., 1993: 1−42.

初对科学知识生产进行评估的主体是科学共同体，评估的内容是科学知识生产的结果，评估的目的是承认科学发现优先权和提高科学知识质量，在制度上表现为科技奖励制度。20世纪初，美国成立国会研究服务部进行“与科技有关的研究、分析和评估”，开启了国家对科学知识生产进行评估制度化的先河，20世纪中叶许多科技大国开始探索本国的科技评估制度。[①]“1976年美国国会通过《国家科技政策、组织和重点法》”，“最早以明确的法律形式确定了科技评估的作用、功能、权力和责任”[②]，此后世界主要国家相继制定与科技评估相关的法律法规。对科学知识生产的评估从科学共同体走向政府公共管理领域，从以科学知识质量为中心的评估转向以政府绩效为中心的评估，评估涉及科学知识生产的计划、过程和结果的整个过程。科学知识生产之前，需要以项目申报形式说明其潜在的公共利益，应该与国家建设和社会发展需求相一致；科学知识生产过程和结果需要说明研究内容完成情况所产生的社会影响、受到政府的批示和表彰情况，研究资源应该得到合理利用，产生符合项目计划中预期公共利益的绩效。科技评估的国家化和规范化，同时是科学知识公共性发展的需要。一方面，政府能够约束科学知识生产朝向符合国家需要的方向发展；另一方面，科学知识生产能够通过国家评估机构，得到不同部门和不同利益者的协作支持。

第二，政府建设国家重大科技基础设施平台，对科学知识生产方向进行引导。国家重大科技基础设施的起源和发展与科学知识生产的规模、组织模式和在社会发展中的作用密切相关，20世纪中叶以来随着“科学研究不断向宏观拓展、微观深入，学科分化与交叉融合不断加快，研究目标日益综合”[③]，“于是出现了由大量独立的关联设备系统集成、支撑广大研究群体共同研究的大型科技设施。国际上多将这样的设施称为‘large research

① 贺建军．我国科技评估制度的经济学分析[D]．福州：福州大学，2006: 6.

② 申丹娜．美国科技评估的国家决策及实践研究[J]．自然辩证法研究，2017, 33(4): 51–56.

③ 国家发展改革委，教育部，科技部等．国家重大科技基础设施建设“十三五”规划[A]．2016–12–23.

infrastructure'，意即'大型研究基础设施'，在我国则将其称为'国家重大科技基础设施'" [①]。它起源于二战中的曼哈顿工程，美国为了尽快战胜德国，把大量进行研究的理论物理学家和实验物理学家聚集到新墨西哥州的洛斯阿拉莫斯（Los Alamos），在奥本海默（Julius Robert Oppenheimer）的统一指挥下合作研究，很快制造出了威力超出想象的原子弹，在尽快结束二战中发挥了关键作用。曼哈顿工程一方面开启了一种新的科学知识生产组织模式，使科学知识生产从小科学时代走向大科学时代，科学知识发展和科研经费支出以指数型速率增长[②]，需要政府进行支持和整合资源；另一方面使政府充分认识到科学知识生产平台对科技进步、国家安全和社会发展的重要作用。世界强国逐渐开始建设大科学装置和国家实验室，随着该类设施的增多，国家需要引导它们向体系化方向发展和系统能力提升[③]，把它们统一整合为国家重大科技基础设施。

在大科学时代，国家重大科技基础设施是国家科技实力和综合国力的象征，它在孕育阶段即被纳入政府视野，具有国家长期发展计划性、明确的长期目标和阶段性目标，符合统治阶级意识形态，保障国家重大战略需要和科学知识生产的前沿性。比如中国国家发改委、教育部、科技部等联合编制了《国家重大科技基础设施建设中长期规划（2012–2030 年）》《国家重大科技基础设施建设"十三五"规划》，要求：深入贯彻习近平总书记系列重要讲话精神，认真落实党中央、国务院决策部署，必须顺应世界科技发展趋势、围绕国家重大战略需求、掌握国家战略必争领域的关键核心技术、抢占科技创新的战略制高点、推动设施运行有效解决经济和产业发展亟需的科技问题。政府通过国家重大科技基础设施，在人力、资金、仪器等方面集中科学研究方向，协调不同研究领域和不同学科之间的关

① 褚怡春，杨永华，高翔．重大科技基础设施建设对提升高校创新能力的作用 [J]. 中国高校科技，2017(5): 18–20.

② Price D J. Little Science, Big Science[M]. Columbia: Columbia University Press, 1965: 13–16.

③ 国家发展改革委，教育部，科技部等．国家重大科技基础设施建设"十三五"规划 [A]. 2016–12–23.

系，促进资源共享，把相关研究整合到围绕国家目标进行的科学知识生产中。在科学知识生产领域，以个体科学家和科学共同体为核心的传统知识方式，在小范围内仍然存在；但是在更大的范围内，以政府为核心指导、以国家科技重大基础设施为平台的知识生产方式，已经成为知识生产的主要模式。

第三，政府协调建设国家创新系统，对科学知识生产网络进行重构。国家创新系统是政府部门为了促进经济发展而建构起来的制度，把互动学习的动态过程融入经济增长和发展的分析框架中①，强调科学知识生产部门、政府部门、产业部门等国家系统诸要素之间的互动，认为知识创造、知识传播、知识应用三者是互相促进的，在两个方面重构了科学知识生产网络。第一，凸显知识溢出效应，促进异质行动者之间的有效合作。知识溢出认为，知识在不同部门之间的交流，不是一个等价值传递的过程，而是一个增值过程，它产生的社会效益大于各部门收益。②政府通过国家创新系统，积极推动政府、企业、科研部门、大学、中介服务机构等不同部门之间的合作，促使他们共同进行科学知识生产。第二，重视在科学知识生产中达成共识的规则。在小科学时代，科学研究主要是一种个体业余爱好时，科学知识主要是一种个体资源，是否达成共识以及达成共识经历的时间长短并不是很重要；但是在大科学时代和知识社会，科学知识生产需要公共资金的资助，科学知识成为社会中一项关键的公共资源，科学知识生产必须在有限的时间内达成共识，达成共识的规则制定应该遵循公共政策规则制定的过程。国家创新系统通过政策制定，协调科学知识生产不同主体之间的利益分歧，促进他们达成共识，推动更多的行动者参与到科学知识生产中，并进行有效合作。

---

① Lundvall B. National innovation systems-analytical concept and development tool[J]. Industry and Innovation, 2007, 14(1): 95–119.

② Griliches Z. R&D and Productivity: The Econometric Evidence[M]. Chicago: University of Chicago Press, 1998: 25.

四、科学知识的民主化需求

科学知识生产国家化的实现，是科学知识公共性在组织方式上的体现，强化了科学知识的公共性，使科学知识生产成为一个公共空间，必须按照公共领域的规范进行生产活动，需要重视和协调公众和不同社会主体的意见。但是，科学知识生产走上了一条相反的道路。自文艺复兴起，随着欧洲大学中设立科学教席以及科学共同体的成立，科学知识生产日益走向职业化道路，科学家逐步进入社会阶层和权力序列中；20 世纪中叶以来，作为职业的知识生产者，科学家成为政治家依赖和合作的伙伴，逐渐走向精英阶层。在被纳入社会权力序列和走向精英阶层的过程中，科学家的知识生产不得不符合政治精英的需要，在研究问题的思维方式和研究结果的表述方式上有意无意间产生符合精英阶层的偏向。与此同时，科学知识生产需要巨大的经济基础支持，科学家在获得知识生产所需要的经济资源过程中，很有可能被迫遵循市场经济规律，迎合掌握经济资源的精英阶层的偏好，从而使得科学知识生产蕴含着价值偏好。上述两方面可能影响作为一种现实操作手段的科学知识生产过程的中立性和客观性。科学家可能无意识地在知识生产过程中输入了价值因素，而自己却无法判断是哪里输入了价值和利益因素，科学知识从而蕴含了价值偏好、脱离了公共性。① 为了保证科学知识的公共性和服务于社会公众的需要，科学知识生产需要走向民主化。

科学的发展，伴随着与宗教、人文学科之间的冲突，正是在与其他学科的冲突和互动中，科学形成并不断重塑着自己的边界、认知规范和社会规范，科学共同体不断与其他不同行动者进行着斗争和磋商来维护知识生产者的职业地位。科学知识生产者拥有知识生产权力的合法性和公共性，镶嵌在科学知识生产过程的合理性当中，它不仅是一个理论问题，而且是一个实践问题。在当代具有异质性、情境性和社会应用风险难以完全确定

① 本段内容受到了如下文章的启发：李海波 . 新闻的公共性、专业性与有机性——以“民主之春”、延安时期新闻实践为例 [J]. 新闻大学 , 2017(4): 8-17.

的环境中，科学知识生产中问题的提出和解决、知识的承认等决策，应当建立在政府、科学共同体、企业、公众等不同行动者积极参与、协商对话的基础之上，引入协商民主，从而减少科学知识生产中的价值倾向和不确定性，做出负责任的决策，保障科学知识生产的合法性、合理性和公共性。

在这一章中，我们把科学知识作为一种社会生产活动的产品来进行研究，发现，它在社会中的形象不是先验的，而是在特定社会情景中，与其他社会因素互动的结果。科学知识曾经附属于生存需要、政治统治需要和满足好奇心的需要，在近代科学诞生之后，由于其方法论特征和对社会的有用性成为一种认知权威和社会发展的竞争资源。在这个历程中，与科学知识相关的合作与治理形式发生了变化，科学知识的公共性凸显，需要走向民主化。

第二章

科学知识的民主化

民主（democracy）[①]是政治哲学中“最古老而又最新颖”“谈论最多分歧最大”“最令人神往而又最使人迷惑”的话题[②]，它是人类社会中最具有生命力的概念之一，不仅扩展到当今世界几乎所有的国家[③]，而且扩展到几乎所有的领域，正在以一种势不可挡的力量从政治领域扩展到经济、社会和知识领域，向科学知识发起攻击。

第一节　民主的起源与发展

一、政治民主

民主主要是指由人民进行统治的一种政治体制，其西方哲学源头可以

---

① 在中国古代，“民主”最初指“民之主”，即君王、皇帝，近代以来，先后经历了“西方民选的最高统治者”“与君主世袭制对立的西方政治制度”“民作主”等含义的演变。（参见：金观涛，刘青峰．中国近现代观念起源研究和数据库方法 [J]. 史学月刊，2005(5): 95–96.）本书中的“民主”一词指与 democracy 相对应的概念。

② 俞可平．权利政治与公益政治 [M]. 2 版．北京：社会科学文献出版社，2005: 153.

③ 当今不少国家并不认同西方政治家和学者界定的“民主”的含义，几乎所有的国家都宣称自己是“民主”国家。

追溯到古希腊，指雅典人之中人人平等的一种政治状态①，它是由城邦公民组成的公民大会对公共事务进行表决的直接民主。与古代其他文明相比，在雅典文明中，德性和卓越与政治密不可分，政治不是妥协或折中的产物，而是集体中的每个人德性的完善、卓越的实现，“政治与经济、城邦与社会存在着明确的区分”，政治与城邦的根本追求乃是人的德性的完善，而不仅仅是生活水平的提升和政治权利的保障。②雅典人追求一种纯粹的政治，没有人因为贫困而不能参加政治③。在具体实践中，通过人人平等的演说和投票制度，来达到公民共同体德性的完善和政治的完善，所有的公民都应该参与共同体高尚生活的培育和发展。因此，古希腊民主的诞生与实现，与其特定历史时期的政治追求相关。

古希腊民主制通常被认为是世界历史的奇迹和“雅典最伟大的政治荣耀”④，它实现了人人平等、自由和自主，是人类早期对政治发展和人类自身发展的一种积极探索。但是由于其追求的是人的德性的完善和卓越的实现，而不是经济建设和社会发展，重视的是全民的共同决策，而不是集体权威的维持（人们可以不顾家庭、学校或其他权威，做自己想做的任何事情⑤）和公共决策的正确性，其民主制度的设计可能导致两种负面结果：其一是国家治理不以固定的法律为依据⑥，其二是有能力的人可能并未得到任用（比如，通过抽签来选举官员）。这会产生智慧被边缘化和无政府主义⑦，导致错误的决策，而且事实上的确如此，作为知识典范的苏格拉底，

① Williams R. Keywords: A Vocabulary of Culture and Society [M]. Rev. ed. New York: Oxford University Press, 1983: 93.

② 姜维端 . 从陶片放逐法到苏格拉底的审判——雅典民主制理念的历史嬗变 [J]. 北京社会科学 , 2015(8): 120–128.

③ Tritle L A. A New History of the Peloponnesian War[M]. Oxford: Blackwell, 2010: 47.

④ 伯林 . 自由论 [M]. 胡传胜译 . 南京 : 译林出版社 , 2003: 339.

⑤ Sørensen G. Democracy and Democratization: Processes and Prospects in a Changing World [M]. 3rd ed. Boulder: Westview Press, 2008: 4.

⑥ 亚里士多德 . 政治学 [M]. 吴寿彭译 . 北京 : 商务印书馆 , 1983: 191.

⑦ Held D. Models of Democracy [M]. 3rd ed. Cambridge, UK: Polity Press, 2006: 24–25.

被错判饮鸩而亡是雅典成为自治民主政体后的最早判决之一[①]。因此，古希腊民主一开始就遭到了伪色诺芬、柏拉图、亚里士多德等学者的批判。到了希腊化和罗马时期，实用主义和领土扩张，成了政治追求的主要目标，古希腊民主思想逐渐被抛弃和遗忘。

到了文艺复兴和马基雅维利（N. Machiavelli）时期，在工业资本主义国家中，平等和团结的价值与个人自由和自治的价值出现了竞争和冲突，一种符合资产阶级的近代自由民主观念开始出现。自由的思想是在反对中世纪等级制度中逐渐发展出现的，成为当时社会思潮中认为应该优先保证的个人权利，自由的观念超越了平等的观念。自由和平等的思想被认为是民主的核心，但是二者并不总是兼容，正如狼的完全自由会导致羊的灾难，有天赋的人的完全自由会导致弱势地位和无天赋的人处于不利地位。因此，民主被严格限制在政治领域，尤其是政府活动和政府制度中。婚姻和社会中的妇女问题和工业生产中的经济纠纷问题被认为是市民社会中的私人契约的结果，而不是公共问题和政府问题，不是政治问题，因此，妇女和工人阶级被排除在民主投票之外。[②]随着社会的发展，妇女、工人等逐渐参与政治投票，民主的要素发生了一些变化，不同的性别、阶级和种族都参与到政治活动当中，而且在有些时候，对平等的强调重于自由，但是，民主仍然主要围绕着政治活动进行。

二、经济民主

经济民主的思想源于对政治民主实现所需的经济基础的思考。雅典民主中的公民和人人平等，并不是指所有人，而是指城邦中的自由民（free citizenry），即奴隶主、商人、手工业者等拥有一定财产的人，他们被认为是具有独立性和享有自由身份，在城邦公共事务中具有实质性的利益；奴

---

① Delanty G. Challenging Knowledge: The University in the Knowledge Society[M]. Buckingham: SRHE and Open University Press, 2001: 1.

② Sørensen G. Democracy and Democratization: Processes and Prospects in a Changing World [M]. 3rd ed. Boulder: Westview Press, 2008: 5-7.

隶、外邦人、妇女和儿童，被认为是依赖别人而生活的人，在公共事务中并没有实质性的利益，被排除在民主活动之外。[①]具有一定的经济基础被认为是参与政治民主的前提条件。近代民主在诞生和发展的过程中，有不少学者对经济对政治民主的影响进行了研究。约翰·密尔（John S. Mill）认为，经济不平等将会阻碍人们获得平等的政治权利，是实现政治平等和民主的主要障碍；换句话说，如果没有经济平等，就无法实现政治平等。[②]卢梭（Jean-Jacques Rousseau）认为，财产权是神圣不可侵犯的，只有经济独立和物质安全，公民才能够做出自主的判断和表达自己的观点而不怕自己的生活受到威胁，经济平等是政治平等和法律平等的前提。[③]马克思和恩格斯认为，在历史和政治进程中活动的人，不是单个的、孤立的个人，而是生活在与其他人特定关系中的人，人的本质正是通过相互之间的联系而确定的，个人的生活由他或她所在的阶级结构中的位置所决定[④]；阶级的不平等是一切不平等的根源，在资本主义制度中，自由市场和民主政府都是掩盖资产阶级统治的工具，只有废除资本主义制度、建立社会主义和共产主义制度，才能实现政治和经济平等，才能真正实现民主。达尔（Robert Dahl）认为现代公司资本主义很容易造成经济和社会资源的不平等，并且这种不平等如此之大以致侵犯了政治平等和民主过程。[⑤]

民主的发展，既需要思想上的进步，更离不开实践的发展，它需要同历史条件和社会结构结合起来。在古代和近代初期，经济活动主要是小生产者、小规模企业进行的，个人和单个企业并不能对市场进行干预，所有生产者的竞争和博弈最终会产生合理的经济秩序，并不会对政治活动产生显著的影响。但是，随着生产力的发展，一些大的企业在经济活动中比其

① Held D. Models of Democracy [M]. 3rd ed. Cambridge, UK: Polity Press, 2006: 43.

② Sørensen G. Democracy and Democratization: Processes and Prospects in a Changing World [M]. 3rd ed. Boulder: Westview Press, 2008: 8–9.

③ Held D. Models of Democracy [M]. 3rd ed. Cambridge, UK: Polity Press, 2006: 47.

④ Held D. Models of Democracy [M]. 3rd ed. Cambridge, UK: Polity Press, 2006: 96–97.

⑤ Sørensen G. Democracy and Democratization: Processes and Prospects in a Changing World [M]. 3rd ed. Boulder: Westview Press, 2008: 10.

他企业获得更多的利润，扩大生产规模，市场竞争力越来越强；同时，另外一些企业获利越来越少，逐渐倒闭或者被兼并；最终，几个大企业掌握了经济活动，它们对市场能够形成有效的干预。

同时，随着市场经济的发展，当代社会的几乎任何活动，都离不开经济活动的支持，经济资源占有的不平等阻碍着人们的社会活动和政治民主的实现。生活贫困的人主要的精力花费在如何赚取更多的生活费用，很少有时间去参与政治活动；即使参加了政治讨论和投票，也往往没有时间去详细了解进行决策的相关内容。同时，在讨论和投票过程中，对自己观点进行有感染力的演说是非常必要的；而且，在当代媒介社会中，充分利用媒介对自己进行宣传和装饰，让讨论者和参与者熟悉、理解和认可自己的观点，是获得选票支持的前提条件。只有处于富裕阶层的人才能具备上述条件，真正成为竞选者和参与竞争。近代工人阶级争取权利的运动，工人对工厂生产和管理活动的参与，为工人阶级争取了更好的经济条件，开启了经济民主之路。但是，当经济活动被少数人和少数企业掌握和垄断，大型公司事实上已经成为一种公共企业和政治系统①，控制着人们获得经济资源和报酬的方式、能力和差异，传统的员工参与并不能解决民主的问题，需要在财富分配和经济决策体制上达到民主，消除一部分对另一部分的经济支配，真正实现民主。

三、社会民主

本小节中的社会民主不是指社会民主主义和社会主义民主，它们属于政治思想和统治方式，而是指“公共领域中人们的自主自治状态”②，是“一种公共决策模式”③。它主要起源于市民社会与政府的分离。在古希腊，

① Dahl R A. Dilemmas of Pluralist Democracy: Autonomy vs. Control[M]. New Haven: Yale University Press, 1982: 110.

② 王洪树，廖华．社会民主的萌生发展、学理分析、价值意义及实现路径 [J]. 当代世界与社会主义，2016(4): 181−188.

③ 于蓓．法国“社会民主”初探 [J]. 欧洲研究，2013(6): 111−125.

政治与经济、社会虽然有明确的区分，但是，政治等同于自由民（不包含奴隶），人们的很多事务都是在公民大会上进行讨论和表决，事实上，自由民的绝大部分事务都被归属到政治范畴中，可以说在很大程度上，政治民主即等同于社会民主。在近代民主发展的过程中，出于对中世纪等级制度压迫的反抗，人们主要追求人人平等的自由精神，强调个人价值和对政治领域划定界限；同时，社会结构比较简单，政府管理严格限制在政治领域，对社会领域的干预并不多，因此，人与人之间处于一种松散的联系，人们并不需要组成一种自治组织进行自我管理或者与政府进行协商谈判。

随着社会职业和阶层的增加，社会结构日益复杂，社会产生了异质化、碎片化，出现了很多需要进行治理的公共领域。但是，由于近代以来的政府，其公权力来自于人民部分私权的让渡，并不能对过多的公共领域进行过多的干预。而且，随着社会生产力的提高和人们自我意识的增强，人们进行自治的需求不断增长，介于政府和个人之间的现代公民社团和市民社会的兴起成为一种必然。在上述三种因素的影响下，市民社会从政治中独立出来，政府和市民社会的分离成为民主秩序的核心特征①，社会民主的出现成为社会发展的趋势，公民对公共事务和决策的参与和审议从政治、经济领域扩大到社会领域。

四、民主的含义

从上述民主的发展历程中可以看到，民主的含义可以大致认为是指“人民的统治”，但是，它不仅仅是一种政体，更主要的是一种互相关联的生活方式和共享的交流经验模式②。具体而言，民主有三种含义：其一，一种人民统治的政体；其二，一种人人平等、通过协商和表决的一种公共决策方式；其三，一种在公共事务中，追求自由、平等、参与的精神。从时

① Held D. Models of Democracy [M]. 3rd ed. Cambridge, UK: Polity Press, 2006: 274.

② Dewey J. Democracy and Education: An Introduction to the Philosophy of Education[M]. Delhi: Aakar Books, 2004: 93.

间顺序上看，民主的最早出现的含义是第一种含义，其次是第二种和第三种含义；但是从逻辑顺序上看，民主的首要含义是第三种含义，第一种和第二种含义是民主精神的具体表现形式。只有具有了民主的精神（不论是有意识还是无意识），才会在具体实践中运用，这也是民主之所以会不断扩大其运用领域的原因。民主的具体实践之所以最先发生在政治领域中，是因为政治领域最早形成一种正式的公共事务，随着其他领域表现出类似的公共性特征，民主作为一种人类精神的追求，必然不断扩展。

民主是人类对分歧与争端的一种有秩序的解决方案[①]，是在公共事务中，具有不同背景和观点的成员之间，通过平等的观点表达和讨论互动，彼此相互理解和达成一致意见的实践和追求。在解决分歧与争端和公共事务中，民主不是最有效的和最节约社会资源的处理方式，在达成一致意见之前往往需要花费很多金钱和精力；也不是最高尚的解决方式，它充满着彼此之间利益的争论；但是是最不坏的处理方式，它以非暴力方式和少数服从多数原则解决争端，防止了专制可能带来的灾难和调动了人们解决问题的积极性，成为最有吸引力和适用最广泛的处理方式，几乎所有的争论的解决和公共事务的管理都号称是以民主的方式进行。在“人民的统治”这个民主的基本含义中，“人民”和“统治”的含义不仅在不同历史时期不同，而且在同一时期中也充满了争论。但是，这并没有影响人们对民主的追求和民主适用范围的扩展，民主体现出人们对理想的一种追求，它在实践中不断发展和完善。因此，对“民主”概念的争论并不影响本书对“民主”概念的使用，本书中的“民主”主要是指在公共事务中，人人平等和参与、自由表达和磋商、最终达成一致意见的集体决策精神和方式。

五、科学知识民主

从公共事务的决策精神和价值视角来看，民主的核心内涵不在于一人一票的投票表决，投票、选举和表决仅仅是民主的一种特定表现形式；而

---

① 薛洁. 偏好转换的民主过程——群体选择的困境 [D]. 长春：吉林大学，2006: 107.

在于人与人之间的磋商，每个人通过观点的表达和彼此之间的磋商，改变自己的偏好，达成一致结论的过程。在对一件事情进行投票表决之前，每个人首先需要了解该事情的起源、要素、运行机制，判断该事情对自己和共同体产生了哪些影响，形成自己的真实意愿，然后才是磋商和表决。在当代知识社会和国家创新体系环境中，知识（这里主要指科学知识）渗透到公共决策的每一个环节，是公共决策判断的核心因素，不了解相关的知识就无法对公共决策的形成原因、产生的影响形成独立的判断。因此，在对公共事务进行民主投票表决之前，个人是否了解相关知识，成为其能否真实表达自己意愿的基础。生物医学研究是一个典型例子。患者提供了研究材料，医院收集研究材料和建立生物信息库，科学家进行实验研究，制药公司进行研发和药物测试。[①] 当代科学研究已经不能单独由科学家个人来完成，也不能单独由科学共同体或者科学共同体和自然事物来完成，而是涉及众多异质行动者，建立在经济、社会和法律的保障之上完成的[②]。科学研究形式的改变造成了传统社会利益和权利的重新分配，对资源的界定和资源支配的权利发生了改变，民主的真正实现，必须实现科学知识民主。

科学知识民主是指在当代具有情境化、跨学科、异质性与网络型等特征的知识生产、传播和运用过程中，各参与者的主张表达、磋商和共识形成。它要求不仅实现科学治理的民主化，而且实现科学知识生产、传播和运用的民主化；不仅是科学共同体内部的民主，也是政府和公众的民主。它不仅是由科学知识在当代公共决策和民主中的地位所决定的，也是由科学知识的发展和民主条件的发展所决定的。

① Jasanoff S. The Ethics of Invention: Technology and the Human Future[M]. New York: W. W. Norton & Company, 2016: 202.

② Jasanoff S. The Ethics of Invention: Technology and the Human Future[M]. New York: W. W. Norton & Company, 2016: 202.

第二节　科学知识民主的出现：从知识的视角看

在知识领域中，一直存在着不平等现象。柏拉图认为只有经过哲学思考的知识才是知识，通过日常生活经验获得的知识只是意见，换句话说，只有哲学家才能生产知识，哲学知识高于其他一切知识。在中世纪，出自于基督教的知识才是知识，哲学成为神学的“婢女”，基督教知识高于其他一切知识，知识掌握在宗教人员手中。科学革命之后，随着其改造自然的力量逐步增强和显著，科学知识凌驾于哲学人文社会科学知识和日常经验知识之上，以致科学知识成为知识的代名词，知识掌握在科学家手中。这种现象直到 20 世纪中叶，并没有引起人们的质疑。但是，随着工业社会向知识社会转变，知识逐渐取代资本、劳动力和自然资源，成为价值创造和财富创造的核心要素①，成为经济发展、社会建设和个人竞争的一种重要资源，拥有知识的多少成为能否在公共事务中获得观点表达和支持的关键因素，在知识领域中的平等成为在政治、经济和社会领域中平等的基础。民主不得不与知识联系起来，“生产什么样的知识，谁进行生产，为了谁的利益生产，为了什么目标生产”②成为人们关注的问题，知识民主应运而生。

一、科学知识客观性与民主之间不存在矛盾

科学知识一直被认为是客观性的实在，不随研究者、时间和空间的变

---

① Knorr-Cetina K. Culture in global knowledge societies: knowledge cultures and epistemic cultures[M]//Jacobs M D, Hanrahan N W. The Blackwell Companion to the Sociology of Culture. Malden: Blackwell, 2005: 65–79.

② Gaventa J. Toward a knowledge democracy: viewpoints on participatory research in North America[M]//Fals-Borda O, Rahman M A. Action and Knowledge: Breaking the Monopoly with Participatory Action-Research. New York: Apex Press, 1991: 121–131.

化而变化，因此，被认为高于其他知识，和民主无关。但是，客观性是一种目标，民主是达成目标的一种方法，无论从客观性的目标还是客观性的含义来看，它与民主之间都并无必然矛盾。当人类从大自然中诞生的时候，人类面对的是一个荒野、充满竞争的自然，那个自然不仅是我们今天所说的自然界，也包括了一切未经他们认识或确认的事物和其他的人群。这些没有被认识的部分叫作混沌，被认识了的地区叫作世界或宇宙①，人类所面临的首要任务是认识自己和周边事物，确立自己认可的秩序和建立自己信任的确定性。人类最初通过构建超自然的神话人物来赋予自己在自然中的确定性；然后通过哲学思辨试图认识世界的本质，进而获得确定性；科学革命以来，通过科学方法，达到科学知识的客观性和确定性。由此可见，知识的客观性是一种对确定性的寻求和把握，具体而言，它的含义主要有以下几种②：知识与客观对象符合、一致，各个命题之间保持逻辑上的一致性，知识的有用性或知识与需要的一致性，知识的公共性或主体间在认识上的一致性。无论从知识客观性这个概念的诞生原因，还是从其含义的变化来看，它都是人类追求的一个目标，是对一致性的追求。

长期以来，对知识客观性目标的追求是以哲学思辨和科学方法的可重复性来保证的，但是，哲学思辨是一种先验方法，从先验的视角可以推导出普遍性，但是它只是少数人推导的结果，没有得到大多人的同意，它的正确性并没有得到有效的证明。科学方法依赖于观察和实验，而对观察和实验的描述必须与特定的人、时间和地点有关，它是一种具体的经验，从英国皇家学会开始，科学共同体及其成员都认为，只有上述对具体经验的描述才是科学，这种经验具有具体性和逼真性，从而取代了中世纪古典文献的权威地位，成为新的权威。③从具体经验出发，可以得到特定时空条

---

① 王宗昱．宗教经验及其文化价值——以伊利亚德《神圣和世俗》为例 [J]. 北京大学学报（哲学社会科学版），2000, 37(4): 123−131.

② 林建成，翟媛丽．“月亮问题”引发的思考——客观性及其根源的理论探讨 [J]. 自然辩证法研究，2014(7): 109−113.

③ Dear P. Totius in verba: rhetoric and authority in the early Royal Society[J]. Isis, 1985, 76(2): 145−161.

件下的确定性，但是不能推导出普遍性，即一直困惑人们的归纳问题，知识客观性的普遍有效性也并没有得到有效的证明。在这种情况下，在对知识客观性的追求中，引入民主是一种明智的选择。民主作为一种人人平等和参与的集体决策精神和方法，与知识客观性目标（一致性）和方法（哲学思辨和科学方法）之间不存在必然的冲突。科学假说是个体科学家提出来的，但是，“科学知识本质上却是群体产物，如不考虑创造这种知识的群体特征，那就无法理解科学知识的特有效能，也无法理解它的发展方式”①，从科学假说到科学理论，需要经过科学共同体的验证和承认，它不是某个个体科学家发现真理的过程，而是一个充满修辞和说服的过程②。科学知识如果要在社会中发挥作用，需要进一步经过政府和公众的承认，它也是一个充满修辞和说服的过程。③在科学知识生产和传播的历史上，民主可能事实上一直是决策方法之一，与客观性之间不仅并无矛盾，而且可能促进了客观性的确立。

二、科学知识的社会性为民主打开了大门

西方进入近代以来，在社会上出现了六大革命，即资本主义的兴起、宗教改革、科学的成长、政治革命、工业革命、城市化，这些革命创造了“全新的社会生活和组织模式，导致了欧洲传统的社会秩序发生了有史以来最为剧烈的变化”，使得传统社会发生断裂和秩序混乱，新的社会建设成为亟待解决的问题，在这种背景下，社会学应运而生。④在新社会建设中，科学作为真理的代名词和思想的权威，在改造自然和社会的实践上发挥了重要作用，科学研究活动一直免于社会学分析。随着对科学发展和科学史的研究的进展，以及知识社会学的影响，默顿开始试图用社会学的方

① 库恩．必要的张力——科学的传统和变革论文选 [M]. 范岱年，纪树立译．北京：北京大学出版社，2004: 序言 x.

② 参见本书第五章。

③ 参见本书第五章。

④ 周晓虹．现代社会的批判与重建——社会学的诞生与西方社会建设理论的缘起 [J]. 南京社会科学，2009(1): 81–88.

法对科学的增长和发展进行分析[①]，对科学体制的社会学研究逐渐兴起，人们认为，社会因素影响了科学的研究方向和发展速度以及科学共同体的精神气质。但是科学知识仍然被认为是真理，不受社会学因素的干扰，从而免于社会学的分析。

然而，库恩通过对科学史的研究发现，科学教科书中呈现出来的累积科学史观是错误的，它无法解释过去被认为是科学、而现在被认为是神话或者错误的内容，科学史研究不应该从今天的视角考察历史上的科学对当今科学的贡献，而应该展现它当时的历史整体性。在真实的科学发展中，科学共同体是一个封闭的共同体，形而上学的承诺在科学共同体的形成和维持中，发挥了关键作用，个体科学家坚守承诺、模仿范例进行工作；在科学革命时期，不同学派之间的差别，不在于方法的差异——这些学派全都是"科学的"——差别在于如何看待世界和实践科学的不可通约的方式（incommensurable ways）[②]，相互竞争的派别之间的不同理论，都可以得到经验的支持，哪个学派胜出的关键因素不是经验，而是社会中的偶然因素。库恩把"科学信念中的历史转换的认识（包括科学观本身的转换），以及社会过程在科学共同体产生这种转换过程中的作用，引入到了争论的核心"[③]，既然争论的解决没有客观的标准，那么引入民主方法就是一个合理的选择。

科学知识生产中的争议并没有在这里结束。科学知识社会学（Sociology of Scientific Knowledge，SSK）认为，根据库恩的科学观，科学共同体成员在常规科学时期坚守形而上学承诺，使用已有的资源进行工作，这使得库恩成为保守主义者。[④] 为了用科学的方法研究科学，需要

---

① Merton R K. The Sociology of Science: Theoretical and Empirical Investigations[M]. Chicago: The University of Chicago Press, 1973: xiv.

② 库恩 . 科学革命的结构 [M]. 金吾伦 , 胡新和译 . 北京 : 北京大学出版社 , 2003: 4.

③ 转引自 : 尤洋 . 信念视域分隔与知识命运选择——社会认识论研究的廓清与建构 [D]. 太原 : 山西大学 , 2009: 48.

④ Bloor D. Acknowledgment: reproduced by the kind permission of the Guardian from the issue of 25 June, 1996[J]. History of the Human Sciences, 1997, 10(1): 123–125.

把社会学方法引入到对科学知识日常生产的研究中，SSK中创立了“强纲领”和“有限论”，认为科学是一项解释的事业①，科学知识是得到集体认可的制度化信念。科学知识的确立与否首先是一种科学知识的可信性问题，在这里，每个科学家对科学概念和科学知识的承认，都伴随着自己之前的经验和信念，它是各个科学家不断调整自己的信念，最终共同承认的民主过程。SSK的激进观点遭到了哲学家、社会学家和科学家的强烈批判，然而，不可否认的是，它“已经随着一种广泛的学术实践进入了我们的文化”②，科学知识生产中的社会学因素已经成为无法回避的因素。后SSK在重视科学知识的社会因素的同时，也重视科学实践，强调了科学知识生产的偶然性、历史性和相对性。③科学知识生产过程突出了不确定性，它与生产地点、生产环境和生产者的思维习惯都密切相关，未来发展是不可预测的和开放的。成为一种科学共同体承认的相对确定性的科学知识，是一种民主决策的过程。在传统知识论中，知识与民主无关，前者拥有一种超越人类情感和利益争端的标准，而后者在于共同体通过协商寻找一种平衡每个人利益的方法。但是，上述研究表明，科学知识生产是一种复杂的活动，它不是仅仅靠实验和逻辑推理就能够概括的活动。④当知识中那种超越人类利益之上的标准被打碎之后，当人类的利益争夺也赤裸裸地暴露在知识生产当中的时候，人人平等的集体决策机制，成为一种正当合理的选择。

三、科学知识生产方式中的民主

“在传统社会中，创造和掌握科学知识的人通常是技术专家（包括医生）或哲学家”⑤，科学知识附属于其他活动，并不存在独立和持续的科学

① Mulkay M. Science and the Sociology of Knowledge[M]. London: Routledge, 2015: 95.
② 刘文旋．“强纲领”：科学知识社会学的哲学立场[J]. 哲学研究，2014(8): 92–98.
③ 刘鹏．客观性概念的历程[J]. 科学技术与辩证法，2007, 24(6): 47–50.
④ Soler L, Zwart S, Israel-Jost V, et al. Introduction[M]//Soler L, Zwart S, Lynch M, et al. Science After the Practice Turn in the Philosophy, History, and Social Studies of Science. New York: Routledge, 2014: 1–43.
⑤ 本－戴维．科学家在社会中的角色[M]. 赵佳苓译．成都：四川人民出版社，1988: 45.

知识生产，而且生产主要是个人的事情，并不存在合作和民主问题。科学革命的发生，造成了一种新的科学知识观念和生产方式的诞生，科学知识被看作是证据的搜集和组合，被分成不同的部分，由不同的人进行生产，每个人完成各自的任务后汇聚起来就是整体的科学知识；这暗示了科学知识生产是一种合作研究，英国皇家学会与其说是一个学院，不如说是一个俱乐部。[①] 职业科学家和科学建制的出现，使得个体科学家“无法孤立地实践自己的天职。在制度的框架当中，他必得占有一个确定的地位。化学家会成为化学专家中的一员；动物学家、数学家、心理学家——他们每个人，都属于专业化了的科学家之特定的集团”[②]，科学知识生产成为一种合作的事业，科学知识在个体科学家那里提出来之后，科学共同体成员不断进行整合、检验、调整和最终达成一致意见，作为认知活动的科学假说可以由个体科学家进行，作为知识体系的科学理论必须在科学共同体中进行，科学知识可信性依赖于它作为一种集体社会事业的运作方式[③]，科学共同体取代科学家个人，成为科学知识生产的主体，科学知识生产事实上是一种观念表达、集体协商和决策的民主过程。

但是，由于这个时期科学知识被分割的部分，是一个相对比较完整的部分，个体科学家生产出的知识是一种相对完整的知识，个体科学家的知识被认为会自动汇聚成整体的科学知识，因此，科学知识生产仍然被认为是一种与民主无关的事情。到 20 世纪上半叶，科学知识生产变成大型工业垄断公司和国家都支持的一种产业了，科学知识生产的基础从个人转向了集体，而且增加了仪器和管理的重要性。[④] 科学知识生产不得不开始认真考虑科学家之间的合作和集体管理的事情。到 20 世纪下半叶，出现了著名的大科学，即一种由大量科学家组成的组织，他们把不同的专业知识

---

① Dear P. Totius in verba: rhetoric and authority in the early Royal Society[J]. Isis, 1985, 76(2): 145−161.

② 博兰尼．自由的逻辑 [M]. 冯银江，李雪茹译．长春：吉林人民出版社，2002: 57.

③ Ziman J. Real Science: What It Is, and What It Means[M]. Cambridge, UK: Cambridge University Press, 2000: 58.

④ Bernal J D. The Social Function of Science[M]. London: George Routledge & Sons Ltd, 1939: xiii.

组合到一个共同体的研究项目当中；它起源于第二次世界大战期间美国制造原子弹的“曼哈顿工程”，进行研究的理论物理学家和实验物理学家虽然分布于全国很多地方，但是主要聚居在新墨西哥州的洛斯阿拉莫斯，在奥本海默的统一指挥下协调工作，在同一个目标下解决不同的小问题；科学知识生产开始成为一种由国家基金支持、产生巨大经济影响的国家活动。[①]科学知识生产已经从个体科学家和科学共同体的事业变成一种国家支持的公共事业了，已经成为一种科学家之间、科学家与政府、企业和公众共同工作的事业了，科学家在研究预算和相关问题的透明性及责任性方面面临着公众和政府的压力[②]，民主问题成为其中不可回避的突出问题。

第一，“曼哈顿工程”在研究上的巨大成功，使它成为二战之后很多研究的模板，当代涉及人类健康、国家安全和社会发展的很多科学项目，比如，阿波罗计划、人类基因组计划、阿尔法磁谱仪实验等研究项目，不仅需要来自不同研究方向和研究领域的科学家之间的合作，而且跨越了国家，需要来自不同的国家和地区、具有不同的文化背景和思维习惯的科学家之间的合作。这在两个方面产生了对民主的需求。一方面，大科学之前的科学知识生产分工，是分成每一个相对完整的部分，个体科学家可以相对独立地进行知识生产和运用，而大科学生产中分工日益精细，个体科学家生产出来的知识基本上不能单独运用，因此，对合作的需要日益明显和紧迫，彼此之间生产的具体内容、质量标准等都不能自己决定，需要民主协商。另一方面，在研究项目管理中，不能通过权威管理来进行，科学权威和行政权威仅仅在项目组织和协调过程中发挥一定的作用，而在研究中，必须进行民主管理。科学家之间需要了解彼此的工作和要求，他们各自需要充分表达自己的观点，互相之间进行对话和沟通，最终统一行动。比如，“曼哈顿工程”虽然是一个军事项目，美国政府最初要求项目研究

① Longino H. The Social Dimensions of Scientific Knowledge[A]. Stanford Encyclopedia of Philosophy, 2015-02-09.

② AAAS. AAAS 2015 annual meeting program[J]. Science, 2014, 346(6208): 490-499.

的科学家穿军装、彼此之间不能协商，进行军事化管理，但是最终并没有这样实施，从事项目研究的科学家集中起来工作、不能与外部进行交流，但是可以不穿军装，可以彼此交流。

第二，如果科学知识的生产过程能够在不同的科学家之间或者不同的研究小组中得到重复，不因人因地而不同，那么表明科学知识生产是一个与协商无关的客观性过程，这也是科学知识具有客观性、与民主无关的重要原因。然而，可重复性原则在两个方面受到了挑战。一方面，柯林斯通过对引力探测实验的分析，发现以下几点。①对一个实验结果的重复检验需要以下步骤：消除与重复实验结果无关的所有活动，排除非科学的活动、不合适的实验者、与实验无关的所有活动、不正确的实验，把剩余的因素划分为积极因素和消极因素，判断实验结果是否被重复。不幸的是，上述步骤都没有一个清晰的划界标准，科学家是在开放的系统中工作的，他们在发展——而不是使用——概念和规则，实验结果不能通过复制来得到确认。[①] ②实验结果是否成功和实验仪器建构是否成功之间存在着循环。比如，为了发现引力波撞击地球这个结果，必须建造一个好的引力波探测器；但是，直到我们发现正确的结果，才知道是否建造了一个好的引力波探测器；而是否发现正确的结果依赖于……。这种现象被称为实验者回归（experimenters' regress），它意味着必须在实验之外才能找到判断实验是否成功的标准。[②] 夏平（Steven Shapin）通过对空气泵复制的分析，发现实验共同体（experimental community）的边界是模糊不清的，实验无法在同一规则下完全重复，需要对实验仪器不断进行调整，并且在实验的各个层面都存在着实验者的协商。[③] 实验的可重复性和客观性受到了质疑，实验复制事实上是在对概念和规则不断商讨的情况下进行的，它事实上是一

---

① Collins H M. Changing Order: Replication and Induction in Scientific Practice[M]. London: Sage Publications, 1985: 39-46.

② Collins H M. Changing Order: Replication and Induction in Scientific Practice[M]. London: Sage Publications, 1985: 84.

③ Shapin S, Schaffer S. Leviathan and the Air-Pump: Hobbes, Boyle, and the Experimental Life[M]. Princeton: Princeton University Press, 2011: 226.

个民主过程。

另一方面，在大科学时代，科学家之间的分工日益精细，科学家之间不具有彼此能够检验对方的知识生产的能力；科学研究越来越依赖巨额的资金支持和费用高昂的仪器，为了减少资源浪费和提高科研进步速度，相同的大型研究项目越来越少，而且即使研究目的相同，采用的方法也往往不同；不同的科学家和科学研究小组之间很难有必要的知识、充足的资金、设备和时间进行相互检验。对科学知识的可重复性要求和同行评议，更多地成为一种原则性要求，在事实上很难进行，也很少进行。对科学知识生产过程进行重复性验证在实践中基本无法实施（或者说很少实施）的情境下，科学知识生产者就需要用语言来游说共同体的成员，在所有成员之间，至少在主要成员之间，达成一致意见，科学知识生产成为一种民主决策过程。

第三，传统科学知识生产所需要的费用主要由私人资助，且主要是个体科学家承担，很少使用公共资源，这是科学研究自由的保证[①]；当今所需要的费用主要由国家资助，且费用巨大、由研究小组使用，占用了大量公共资源，这在三个方面促进了科学知识走向民主化。首先，研究中经费的具体分配和使用，需要在研究小组中进行民主协商，如果研究小组没有对经费的使用情况达成一致，那么随后的研究过程必然会受到影响。其次，虽然国家对科学研究的公共资助基金已经大量增加，但是仍然无法满足科学自由发展的需要，科研项目之间在获取国家公共资助中的竞争持续加剧，项目申请者只有充分展示自己的实力和优势，其中包括修辞和说服，才能获取成功，在整个竞争过程中，包括申请和审批过程，无论对于申请者，还是资助者，获得所有参与者的一致同意都是基本的伦理要求。再次，在传统上，公众一直是受科学知识指导和启迪的对象，对科学知识生产没有知情权和干预权，政府也一直仅仅是使用科学知识而不去干预具体的科学知识生产，科学一直作为一种不受政府和公众监管的独立建制而自

① 本－戴维．科学家在社会中的角色 [M]. 赵佳苓译．成都：四川人民出版社，1988: 187.

由发展。然而，科学的发展和科研经费的支出以指数型的速率增长[①]，且国家对科研经费的公共资助是纳税人的公共财产，公众和政府就有权利对科研经费的使用进行干预。公众作为纳税人，有权利知道和决定公共资金的支出渠道、方式和比例，有权利对科学知识生产所需经费的具体使用情况和产出结果进行质询和管理。政府作为公共事业的管理者，一直存在一个困境：是应该仅仅给科学研究提供公共资助、让科学自由发展，还是应该让科学发展服务于国家目标？20世纪三四十年代和九十年代，美国对于这个问题先后有三次热烈的讨论，"人们逐步达成了一致的观点：政府应主导和组织科学发展，科学发展最终要体现国家目标"。[②]科研经费的增加使科学知识生产成为一种需要考虑经费使用效率的活动，公众和政府参与到了科学知识生产当中。

四、科学知识价值负载中的民主

科学知识被认为是价值中立的，这也是科学家和人类追求的目标，但是，首先需要明确"价值中立"是对谁而言。它有两种含义：第一，对个人而言的价值中立，即科学知识是面对事物本身得出的研究结论，研究者不做评断，它是大自然呈现给人类的礼物，是由不依赖于个体研究者的客观科学事实所构成的，对每个人的价值都是等同的；第二，对"人类"而言的价值中立，从字面上看，它应该是指科学知识对于人类和其他物种的价值是等同的，但是，撇开其他物种不谈，仅仅考虑人类，它可以被理解为，科学知识本身并不能决定给人带来好处或坏处，对人类未来的不同发展方向是价值等同的。科学知识在诞生过程中，价值中立的理想"起源于科学革命先驱们在面对旧时代的科学时怀有的那种不信任感"[③]，科学家必

① Price D J. Little Science, Big Science[M]. Columbia: Columbia University Press, 1965: 13−16.

② 尚智丛，卢庆华．科学的"计划"与"自由"发展：争论及其影响[J]. 自然辩证法研究，2007, 23(4): 64−66.

③ 卡里尔．科学中的价值与客观性：价值负载性、多元主义和认知态度[J]. 钱立卿译．哲学分析，2014, 5(3): 110−119.

须抛弃对古代知识具有权威性的信仰和研究中的个人偏见，面对大自然本身，对具体事物进行研究。可见，这里的科学知识价值中立是指第一种价值中立说。随着科学知识在人类社会发展中力量的彰显，人们对科学知识的崇拜日益加深，第二种价值中立说在人们的价值观念中日益流行和加深。

然而，20 世纪的某些科学知识进展，对人类的发展和演化方向具有潜在的重要影响，对第二种价值中立说形成了挑战。核科学的发展促进了核武器的诞生和更新，其杀伤力可以造成人类的灭亡，局部范围的使用除了造成大范围人口的死亡，对幸存者造成的基因突变会代际传递。生殖医学的发展对人类的传统价值造成了挑战，在人工授精中，第三者的精子进入了家庭，孩子同时具有生物学父亲和社会学父亲；体外受精和胚胎移植的结合，使问题变得更加复杂，一个孩子可以同时有生物学父亲、生物学母亲、代孕母亲、社会学父亲和社会学母亲；其中的每一个具体的环节（对胚胎的操纵、精子的质量控制和使用、代孕的商业化和中止、孩子的权利等）也都充满了伦理争论；上述各个层面和环节中不同主体的界定，以及彼此之间的权利与义务，都成为需要重新界定的问题，也许在法律上可以清楚地规定他们之间的权利和义务，但是，法律无法阻止他们之间在道德层面上发生联系，彼此之间稳定关系的形成都需要新的价值的形成。基因治疗的目的是治疗基因缺陷，还是增强基因依附于某种超能力，二者之间的界限是模糊和存在争议的。① 生殖细胞中基因增强的发生，使得对个体形状的改变可以遗传到下一代，生殖性克隆可以再建造出相同的个体，胚胎干细胞具有设计个体性状的发展潜力，科学逐渐具有生命设计的能力。对于人类的发展来说，科学知识不再是价值中立的，而是具有发展指向性。科学知识已经发展到对人类影响如此之大的地步，其研究方向和内容不能再由科学家自主决定，必须由科学家、政治家、公众等所有利益相关

---

① Jasanoff S. The Ethics of Invention: Technology and the Human Future[M]. New York: W. W. Norton & Company, 2016: 120.

者进行民主协商，由共同体决定。比如，在基因编辑技术上，麻省理工学院分子生物学教授凯文·埃斯韦特（Kevin Esvelt）认为，科学家在进行基因编辑实验之前应公开全部的研究计划，因为“我们必须知道这些实验室正在发生什么，他们想做什么。重要的是我们不应该关起实验室大门来各自开发秘密生物技术”。[①]

那么，科学知识的第一种价值中立说还能成立吗？传统科学体制保证了科学家的无私利性和有组织的怀疑精神[②]，从而保证科学家在研究中能够消除个人偏见，保持对科学经验和科学方法的忠诚，面对研究客体本身进行客观研究，实现科学知识的价值中立。但是，20 世纪 80 年代以来，世界不同国家都发现了越来越多的科研不端和科研欺诈事件，科学共同体自治不能再保证科研诚信，需要外部力量的介入。美国巴尔的摩案是科研不端行为调查的典型案例，历时十年，调查程序发生了三次变化（最初是由科学家基于学术良心的个人调查，其次是美国国立卫生研究院的调查，最后是独立的美国科研诚信办公室的调查）[③]，反映了对科研诚信的监管从科学共同体内部走向社会，已经与对社会其他事情的监管程序基本一致，需要通过民主监督保证科学家的无私利性精神和科学研究的公正。然而，令人遗憾的是，即使通过科学体制的改变保证了科研诚信，仍然不能保证科学知识的价值中立。二战之后，“基础研究”取代了“纯科学研究”的说法，这两个词虽然从定义上看是相互替换的，但是，这种替换具有重要的含义，“基础研究”的说法暗示了它具有潜在的实际用途，能够创造巨大的社会价值；[④]此外，还出现了任务定向基础研究和应用基础研究，科学知识生产与应用之间的关系逐渐由之前间接的不紧密的关系走向直接紧密的关系，科学技术化和技术科学化趋势在加强，科学知识生产具有明显的方

---

① 网易 . 观点称科学家应该 100% 公开基因编辑计划 防止基因泄露引发生态危机 [EB/OL]. (2016-11-02)[2016-11-07]. http://digi.163.com/16/1102/06/C4RLB20K001687H3.html.

② Merton R K. The Sociology of Science: Theoretical and Empirical Investigations[M]. Chicago: The University of Chicago Press, 1973: 275-278.

③ 王阳，胡磊 . 巴尔的摩案与美国不端行为处理程序的演进 [J]. 科学学研究，2016, 34(3): 338-345.

④ 龚旭 . 政府与科学——说不尽的布什报告 [J]. 科学与社会，2015, 5(4): 82-101.

向指向性和目的性。与此同时，科学研究所需经费日益增长，资本成为科学知识生产的前提条件，课题组负责人在各交际场合筹集资金，经费资助者和课题组负责人对科学知识生产过程具有直接的干预能力，能够影响科学知识直接为自己利益服务。科学研究已经不再是价值中立的活动，它应该经过人人平等、集体决策的民主过程来进行。

五、并不是只有科学家才能生产科学知识

自从17世纪近代科学诞生以来，作为一种独立的建制，科学知识的来源和权威被归于科学研究方法的特殊性；只有经过专业训练，掌握特定的知识，遵循一定的规范，达到特定资格的人才能进行科学研究，这些人共同组成科学共同体；与科学知识相关的活动都在科学共同体内部完成，“科学生活中最坚定的原则之一（或许尚未见诸文字）就是在科学问题上禁止诉诸政界首脑或社会大众”[①]。科学知识被认为会自动带来社会效益，一直到19世纪，如果有人问科学的社会功能是什么，对于科学家来说，这是一个奇怪的、几乎没有任何意义的问题，对于政府官员和普通公众来说，更是如此；如果要回答这个问题的话，答案根本不用考虑：给人类带来普世的福祉。[②]人们对科学家和科学研究活动充满了敬仰。然而，到了20世纪，尤其是下半叶，科学知识的应用出现了环境污染、多重和无法预期的失败[③]、不被感知和无法预料的风险[④]，科学知识的传统地位遭到了挑战，科学方法和科学家地位遭到质疑。

传统研究认为，科学观察、数据和资料收集、实验分析等研究过程的客观性是整个研究的核心，是研究结果中立性和正确性的保证，研究者在研究中处于主动地位，研究对象（被研究者）处于被动地位。但是，研究

---

① 库恩．科学革命的结构 [M]. 金吾伦，胡新和译．北京：北京大学出版社，2003: 151.

② Bernal J D. The Social Function of Science[M]. London: George Routledge & Sons Ltd, 1939: xiii.

③ Perrow C. Normal Accidents: Living with High-Risk Technologies[M]. New York: Basic Books, 1984: 5.

④ Beck U. Risk Society: Towards a New Modernity[M]. Trans. Ritter M. London: Sage Publications, 1992: 22.

思路和研究方案自觉不自觉地反映了调查人员的价值判断和意识形态，而且往往过于依赖抽象的概念和判断，从而使得知识生产脱离了具体情境，与知识应用之间存在着巨大差距，在日益复杂的现实生活情境中造成的风险日益增多。于是，参与研究（participatory research）成为传统研究的可替代模式，它认为，被研究者本身能够成为研究者，能够解决他们生活中所面临的实际问题；它具有如下特点：第一，参与研究是社会调查、教育工作和行动相结合的整体活动；第二，参与研究的政治动力来源于共同体或工作场所；第三，最终目标是基础结构的转换和相关人员生活的改善；第四，整个研究过程应该包含共同体和工作场所；第五，被教育者自己的能力和资源应该被重视和调动起来；第六，共同体成员和工作场所相关人员应该与被专业训练过的专家一样，也被看作是研究人员，而且他们之间是相互学习的关系。①

科学知识生产被认为与使用情境密切相关，之前被忽略的被研究者（公众）参与到研究过程当中，科学知识生产是科学家与公众之间磋商的过程。公众在实际生活和生产过程中的日常实践经验和地方知识，往往能够做出有用的发现，比如，在科罗拉多州洛基弗拉茨发生的有组织的反对核辐射中毒和拉夫运河发生的清理有毒污染废弃物运动这两个案例中，有害身体健康的发现都不是由科学家做出的，而是由“家庭主妇研究者”（housewife researchers）做出的，她们运用自己的经验来证明和分析社区中其他人的身体健康经验。② 在印度博帕尔毒气泄漏事件中，受害者和当地志愿者自己研究环境变化和化工厂排放物的关系，进行索赔，随着知识的增加，他们的策略越来越成熟。③ 科学知识和公众在研究中的地位

① Group of Adult Education. Participatory Life Long Learning and Information and Communication Technologies (Course 01)[DB]. New Delhi: Jawaharlal Nehru University, 2015: 95−98.

② Gaventa J. Toward a knowledge democracy: viewpoints on participatory research in North America[M]//Fals-Borda O, Rahman M A. Action and Knowledge: Breaking the Monopoly with Participatory Action-Research. New York: Apex Press, 1991: 121−131.

③ Jasanoff S. The Ethics of Invention: Technology and the Human Future[M]. New York: W. W. Norton & Company, 2016: 80.

正在经历新的认识和评估。对科学知识的研究视角已经且正在持续发生转换：从先验和理想化转向经验，从规范转向描述，从基于“现在”转向基于历史，从去情景化、智力的、精英主义、个人主义和纯粹认知转向情景化、物质的、默会的、集体的和心理社会，从科学产品转向科学过程，从对世界的沉思转向对世界的改造。[①]这就使得公众的日常经验成为科学知识生产中必须要考虑的重要因素，科学知识的生产不能再完全由科学共同体来决定，公众对风险和事物的感知与科学共同体的感知，在认知上是不同的；公众眼中的世界和科学家眼中的世界并不是一个世界，公众需要参与进去。公众不能再仅仅是受科学知识教育和启发的对象、完全尽力理解科学，而是开始认识到自己知识的价值，积极参与科学共同体对话，参与到科学知识生产过程中。

第三节　科学知识民主的出现：从民主的角度看

科学知识民主的出现不仅仅是因为科学知识的特点及其社会应用效果发生了变化，比如，在很多国家引起争议的转基因生物和生殖性克隆问题，在朝鲜和古巴并没有引起争议[②]。从全球主要国家和未来发展趋势来看，一些新的有利于民主发展的要素已经出现且正在蓬勃发展，它们是促进科学知识走向民主化的必要因素。

第一，新媒介的发展为科学知识的民主化过程提供了工具。民主的实现需要人人有平等表达和交流自己观点的场所和机会，随着近代国家的出现、人口的增多，信息无法在人与人之间有效传递，媒介的出现为信息传

① Soler L, Zwart S, Israel-Jost V, et al. Introduction[M]//Soler L, Zwart S, Lynch M, et al. Science After the Practice Turn in the Philosophy, History, and Social Studies of Science. New York: Routledge, 2014: 1–43.

② Bucchi M. Beyond Technocracy: Science, Politics and Citizens[M]. Trans. Belton A. New York: Springer, 2009: 93.

递提供了一种有效的途径。但是，传统上，媒介往往被政府和利益集团牢牢控制，他们掌握着信息的发布时间和发布内容，增强了自己的话语权；而公众处于信息接收端，无法发布自己的信息，无法决定发布的信息内容和时间，只能被迫接收信息；公众可以不接受、批判和反对媒介发布的信息，但是关注的事件只能由媒介来决定①。因此，媒介不仅仅是信息传播的工具，而且本身即是信息，是人的一种延伸，给我们处理公共事务带来一种新尺度，从而对个人和社会产生与之前不同的新影响。②信息技术和新媒介的发展不仅仅是技术的改变和进步，更重要的是人类表达、交流和获取信息渠道的改变，以及感知方式和生活方式的改变。新媒介的发展使公众可以通过自媒体（we media）表达自己的看法和思想，可以在论坛上交流观点和组织讨论活动，个体的零散的思想可以形成系统的观点，个体的行为可以聚集起来成为群体行为，话语权正在经历着再分配的过程，有力地推动着整个社会的民主化进程。

新媒介对科学知识民主化的影响体现在三个层面。一是推动了科学共同体内部的民主化。科学共同体中的马太效应，使得科学权威控制着学科发展方向、主流观点的认定、论文的审阅和发表等权力，“异类”观点很难得到表达的机会；新媒介的发展使得科学家可以在论坛、博客等上面发表、传播和交流自己的观点，不同的科学观点得以表达。二是推动了科学共同体与政府之间的关系走向民主化。随着二战之后政府对科学知识力量的认可和重视，政府为了获得公众对某项科技政策的认可，通过控制媒介而控制了向公众传播的科学知识的内容。新媒介的发展使得科学家可以不通过政府的审查，直接发表自己的观点，与公众进行直接的交流互动；从而使得政府不得不认真考虑科学共同体和公众的意见。三是推动了科学共同体与公众之间的关系走向民主化。公众对科学知识的质疑，在传统上得不到表达，即使得到表达也往往被忽略掉，新媒介的发展使得公众的质疑

① 麦库姆斯．议程设置：大众媒介与舆论 [M]. 郭镇之，徐培喜译．北京：北京大学出版社，2008: 3.

② McLuhan M. Understanding Media: The Extensions of Man[M]. Cambridge, MA: The MIT Press, 1994: 7.

在网络上迅速传播，在人群中形成共鸣和舆论压力，迫使科学共同体对问题进行澄清和解释，比如，媒介在气候科学的政治化和民主化进程中发挥重要的推动作用①。上述观点并不表明科学权威、政府和科学共同体为了个人利益或团体利益而故意歪曲或隐藏观点，也不表明在相关问题上的观点是错误的；而是表明，在新媒介环境下，每个人都有表达自己观点、质疑对方观点的权利，每个人的观点要想获得社会的认可，必须经过民主化过程。

第二，公众对科学知识兴趣的增强和受教育程度的提高，为公众参与科学知识民主提供了动力和条件。传统上，公众并不关心科学知识生产，这并不是因为人们不具有科学知识生产的理性能力，人类日常生活中的理性思考与取得巨大成就的科学知识的理性思考并没有什么不同②；而是因为近代科学作为一种建制诞生以后，大部分科学知识与日常生活需要没有紧密联系，成熟的科学共同体与外行人和日常生活的需求处于隔离状态，“没有其他专业共同体像科学共同体那样，个人的创造性只向这一专业的其他成员提出，也只由他们来评价。即使是最艰涩的诗人、最抽象的神学家，也远比科学家更关心外行人对他的创造性工作的赞许”③，因此，公众不关心科学知识生产，从而没有积累相关的知识。20 世纪中叶以来，随着科学知识社会应用的负面效果显现和科学知识在社会生产、生活和公共决策中作用的凸显，公众对科学知识开始感兴趣，并积极要求参与到科学知识生产当中。同时，高等教育的普及化，使得公众对科学语言、科学方法有一定程度的理解，能够收集经验事实资料、阅读专业期刊、获取和积累相关知识进行分析，能够与科学共同体成员进行沟通和交流，具有了参与科学知识生产的能力，促使科学知识生产走向民主化。例如，20 世纪 80 年

① 戴建平．气候科学共识的起源与本质 [J]. 清华大学学报 (哲学社会科学版), 2014, 29(1): 140−150.

② Pollock J L, Cruz J. Contemporary Theories of Knowledge [M]. 2nd ed. Lanham: Rowman & Littlefield Publishers, 1999: 2.

③ 库恩．科学革命的结构 [M]. 金吾伦，胡新和译．北京：北京大学出版社，2003: 147−148.

代，美国艾滋病患者组织通过收集数据进行分析，迫使美国食品药品管理局（U. S. Food and Drug Administration）批准喷他脒气雾剂（aerosol pentamidine）为治疗 PCP 肺炎（pneumocystis carinii pneumonia）的合格药品；法国肌肉萎缩协会（French Muscular Dystrophy Association）通过搜集临床数据、对患者进行调查，建立了遗传数据库，创立了知识体系，促使科学家与他们积极合作。①

第三，非政府组织为公众参与科学知识民主化提供了组织形式。与组织化程度较高的科学共同体相比，公众往往处于松散的无组织状态，这使得公众虽然可以发出自己的声音，但是在很多情况下，是每一个个体的声音，形不成一种集体层面上的组织力量，因此很难在科学知识生产和运用中产生影响。非政府组织（Non-Governmental Organization）的兴起为公众的组织化带来了可能性，它是指“那些具有组织性、非政党性、民间性、非营利性、志愿性、自治性的致力于公益事业的社会中介组织，是介于政府组织与经济组织之外的非政治组织形态”②，是处于公共部门和私人部门之间的领域；它形成了一种“社团革命”（associational revolution），在 20 世纪末对全球产生的影响与 19 世纪末民族国家兴起产生的影响一样巨大③，对社会的民主化和科学知识的民主化产生了重要影响。非政府组织由于既不谋求特定的政治利益，也不谋求特定的经济利益，而是专注于公益，因此能够赢得公众的信任；同时由于其专业的组织活动能力，能够有效地把公众组织起来，协调其观点，形成一致意见进行表达，与科学共同体和政府进行协商交流。

在这一章中，我们分析了民主作为一种实践活动和精神价值的优先次序，梳理了民主适用领域的拓展，发现民主正在进入科学知识领域。科学

① Bucchi M, Neresini F. Science and public participation[M]//Hackett E J, Amsterdamska O, Lynch M, et al. The Handbook of Science and Technology Studies. 3rd ed. Cambridge, MA: The MIT Press, 2008: 449−472.

② 何云峰，马凯．当前我国非政府组织发展面临的主要问题 [J]. 上海师范大学学报（哲学社会科学版），2004, 33(2): 1−6.

③ Salamon L M. The rise of the nonprofit sector[J]. Foreign Affairs, 1994, 73(4): 109−122.

共同体中的很多成员和一些科学哲学学者坚守传统观点，对这种趋势持不欢迎的态度。但是科学知识的特征与民主的精神并不矛盾，科学知识生产方式、科学知识的价值负载、公众参与科学知识生产的一些案例实践表明科学知识民主化是科学研究活动的未来模式。同时，新媒介的发展、公众对科学知识兴趣的增强和受教育程度的提高、非政府组织的发展等民主社会因素的发展，进一步推动了科学知识走向民主化。但是，本章的分析主要是基于社会学和实践的分析，科学知识民主化在哲学基础上是否具有合理性？作为一种智力活动，科学知识民主化的程度是否应该得到限制？这既是理论上需要回答的问题，也是科学知识民主化实践发展的需要。我们在下一章对此进行分析。

第三章
科学知识民主的进路与限度

科学知识民主化已经成为一种发展趋势，但是它并不是一件容易的事情，研究科学知识民主的逻辑进路，明确知识民主的功能，分析知识民主的限度，是进一步研究之前需要解决的问题。

第一节　科学知识民主的进路

知识与民主的关系，一直以来是哲学关注的焦点问题之一。柏拉图提出了理念世界与现实世界、知识与意见的区分，认为知识是真理的王国，开启了知识与民主互相分离的道路。近代科学革命的诞生，使得客观话语修辞下的科学观察和科学实验成为知识的来源，加强了人们关于知识和民主无关的信念。但是，长期以来，知识往往和权力相伴随。柏拉图认为哲学家应该成为国王。近代科学诞生之后，掌握科学知识的科学家就开始获得政府职务。[①] 第二次世界大战之后，科学家在政府中任职的人数迅速增加，仅美国政府中就“集中了大约三万名来自物理学、生物学、农业

① 罗素 . 西方哲学史 : 及其与从古代到现代的政治、社会情况的联系 : 下卷 [M]. 马元德译 . 北京 : 商务印书馆 , 1996: 5.

科学、工程科学的专家”[①]。随着知识社会的到来，科学知识渗透到国家建设和社会发展的方方面面，成为公共决策的基础。对科学知识生产和应用的掌握程度成为对权力掌握程度的基础，科学知识民主成为哲学关注的新焦点之一。虽然知识民主这个词在 1991 年就诞生了，且于 2009 年举行了“走向知识民主”国际会议[②]，已经成为研究热点，但是对于知识民主的逻辑进路还缺乏系统研究。

一、从知识的客观性到情境依赖性

知识的本质从客观性走向情境依赖性，是科学知识民主在本体论上的逻辑进路。

知识起源于人类生存的需要和对确定性的追求。在生物进化过程中，由于气候环境变化，人类生存环境发生了巨大变化，与在地面生存的其他物种相比，人的感觉器官等处于劣势，只有依靠发达的大脑与动物相互竞争、与陌生的环境相处。[③]人类一方面面临生存压力，需要从日常生活经验中总结关于自然的知识，比如，所捕猎的动物具有哪些习性等[④]；另一方面面临精神压力，在原始人那里，没有被自己部落认识和理解的自然界都是混沌的世界、充满了魔鬼，只有认识和理解的自然界才具有秩序和安全性，神话和宗教信仰在当时解决了人们的精神焦虑和心理上的安全需要问题[⑤]。前者是知识具有实用主义色彩的原因，各文明古国都出现该种意义上的科学知识，它的出现和进步速度与人类经验的扩展是分不开的，与一个

---

① 巴伯 . 科学与社会秩序 [M]. 顾昕 , 郑斌祥 , 赵雷进译 . 北京 : 生活 • 读书 • 新知三联书店 , 1991: 201.

② in’t Veld R J. Towards knowledge democracy[M]//in’t Veld R J. Knowledge Democracy: Consequences for Science, Politics, and Media. Heidelberg: Springer, 2010: 1−11.

③ Morris D. The Naked Ape: A Zoologist’s Study of the Human Animal[M]. New York: Random House, 1999: 18−34.

④ Tylor E B. Anthropology: An Introduction to the Study of Man and Civilization[M]. New York: D. Appleton and Company, 1896: 309.

⑤ 王宗昱 . 宗教经验及其文化价值——以伊利亚德《神圣和世俗》为例 [J]. 北京大学学报 (哲学社会科学版), 2000, 37(4): 123−131.

领域的复杂程度并没有必然关系，而和该领域对人们生活影响的重要程度以及相关的经验积累有关；后者是知识具有无用性、满足人们好奇心的起源，各民族都出现了该种意义上的神话知识，它也是古希腊科学思辨和理性精神的起源，其目的在于认识世界的本源，为人类认识和理解自然提供解释和辩护。

该时期的知识生产需要人们讨论和磋商，是一个自由表达和讨论、集体决策的民主过程。即使在古希腊，对理念世界和真理王国的追寻，也是一个允许和鼓励辩论、不同观点之间的磋商和说服的过程。古希腊一些思想家对知识生产中民主的反对，反对的是非理性的民粹主义，而不是民主本身。古希腊认为通过民主讨论，可以实现“集体中每个人德性的完善、卓越的实现”①，它创造了一个开放的共同体并促进了教育②，完成了个体从非人到人的转换。从本质意义上讲，古希腊的知识生产是一种崇尚和运用民主的过程。到中古世纪，基督教思想适应了人们需要，得到快速发展，③基督教学者成为知识生产的主体。基督教思想虽然不允许怀疑上帝的意志，但是在对上帝和古典文献的认知中，鼓励理性讨论，肯定了人的意志且教徒可以通过宗教仪式与赎罪的神合为一体④。因此，基督教思想下的知识生产，是在上帝指导下的民主讨论过程。

文艺复兴给哲学、艺术、文学和科学领域带来了思想大解放，人文主义逐渐代替基督教思想成为社会的主流思潮，科学方法代替哲学和神学方法，成为知识确定性的来源，科学知识开始被认为优于其他知识，逐渐成为知识和真理的代名词。科学试图建构一种超越烦琐无效的理论争论、凭借特定研究程序就能够真实反映大自然的研究方法，科学知识开始呈现客观性的特征。科学和人文领域的界限逐渐明显，民主开始被驱逐出科学知

---

① 姜维端 . 从陶片放逐法到苏格拉底的审判——雅典民主制理念的历史嬗变 [J]. 北京社会科学, 2015(8): 120−128.

② Tritle L A. A New History of the Peloponnesian War[M]. Oxford: Blackwell, 2010: 47.

③ 马雪梅 . 西方历代科学观演变过程研究 [D]. 长春 : 东北师范大学 , 2011: 9.

④ 沃尔克 . 基督教会史 [M]. 孙善玲 , 段琦 , 朱代强译 . 北京 : 中国社会科学出版社 , 1991: 19.

识生产领域。但是，科学仍然对公众非常感兴趣，科学家的私人收藏仍然对公众开放[①]，科学家仍然乐意通过公开实验向公众展示科学知识，同行和公众的见证是科学知识权威性的来源。

启蒙运动使科学精神开始成为社会中人们普遍承认和追寻的精神气质，科学知识被认为是社会进步的有力工具，是“通向繁荣和无限进步的真正途径”和“新工业文明不可缺少的一个特征”[②]，科学知识的实用性与社会意识形态和国家安全很快结合到一起[③]，科学知识的客观性得到凸显和强调，科学知识生产模式成为知识生产的典范，科学方法在 19 世纪已经在德国、英国和法国中应用到人文研究中去[④]，之后在世界范围内侵占社会科学和人文科学研究。科学知识逐渐被认为具有绝对客观性特征，成为政府公共决策的主要依据，该时期科学知识向公众的开放、公共决策中举行的听证会，是科学知识自信的表现，而不是让公众参与知识生产和决策，公众磋商和民主讨论完全被拒斥在科学知识生产和应用之外。

随着科学知识对其他学科和社会领域的入侵，以及科学知识社会应用负面效果的出现，科学知识生产方法和方式的客观性成为科学家和哲学家反思的对象。人们开始认为，分析命题和综合命题之间具有根本区别、“有意义的陈述都等值于某种以指称直接经验的名词为基础的逻辑构造”是两种错误的教条[⑤]，经验观察不能离开对语言的分析而存在，单个经验观察与整个科学理论的意义是联系在一起的；看、看成和看到三种类型，看是完全照相机式的反映，看成是与观察者之前的知识背景相关，看到是进一步谈到了对观察对象属性的判断，观察渗透着理论[⑥]；科学概念和科学命题从

---

① Stewart L. The element publicum[M]//Porter J M, Phillips P W B. Public Science in Liberal Democracy. Toronto: University of Toronto Press, 2007: 23–39.

② 马雪梅 . 西方历代科学观演变过程研究 [D]. 长春 : 东北师范大学 , 2011: 13.

③ Stewart L. The element publicum[M]//Porter J M, Phillips P W B. Public Science in Liberal Democracy. Toronto: University of Toronto Press, 2007: 23–39.

④ 本 - 戴维 . 科学家在社会中的角色 [M]. 赵佳苓译 . 成都 : 四川人民出版社 , 1988: 185.

⑤ Quine W V O. From a Logical Point of View [M]. 2nd ed. New York: Harper Torchbooks, 1963: 20.

⑥ 高炜 . 汉森科学哲学思想研究 [D]. 南开大学 , 2013: 29.

属于作为整体的科学理论，比如，牛顿关于质量的概念之所以比民主的概念更精确，不是因为前者更符合经验，而是因为它存在于一种更精确的理论结构中[①]。不仅如此，科学历史主义发现科学观察和科学实验并不能单独决定科学，尤其在科学革命时期，相信不同范式的科学家，就好像生活在不相容社会生活方式之中的人一样，他们的概念网络、感官经验和世界观、看到的科学成就和世界图景、对现象的理解和解释都是不同的，包括个人因素和偶然因素在内的常规科学之外的价值标准参与和决定了学派之间的竞争，成为随后常规科学时期科学知识生产中的形而上学信念。科学知识生产的基础（观察经验和范式）的绝对客观性受到了挑战，这为民主进入科学知识生产过程打开了大门。

随着研究的深入，人们发现不仅在科学革命时期，而且在常规科学时期，科学知识也不是由科学经验本身所决定的，而是由科学经验和实验者先前的信念所共同决定的[②]；科学概念和术语的意义是开放的、动态的、不断进行修正的、相互联系的，人类的实践活动、社会经验和利益因素渗透到科学知识生产当中[③]；科学知识生产中涉及的所有自然因素和社会因素都是处于同一个网络中的彼此具有能动关系的行动者，他们不仅承载一定的信息，而且转换、转译、扭曲和修饰（transform, translate, distort, and modify）所承载的信息，使其所表示的含义和发生的作用随着时空条件的改变而改变，是信息的生成者和建构者，影响着网络最终建构出的结果[④]。科学知识并不是等待被发现的“真理之碑”上面的铭文，“科学家手里拿着的，不是扫帚和拂尘，而是锤子和钢钎。科学知识是科学共同体的产

---

① Chalmers A F. What is This Thing Called Science? [M]. 3rd ed. Indianapolis: Hackett Publishing Company, Inc., 1999: 105.

② Bloor D. Knowledge and Social Imagery [M]. 2nd ed. Chicago: University of Chicago Press, 1991: 31–32.

③ 巴恩斯，布鲁尔，亨利．科学知识：一种社会学的分析 [M]. 邢冬梅，蔡仲译．南京：南京大学出版社，2004: 65–71.

④ Latour B. Reassembling the Social: An Introduction to Actor-Network-Theory[M]. Oxford: Oxford University Press, 2005: 37–50.

品，那些铭文正是科学共同体自己刻上去的”[①]；科学知识与其他知识一样，充满着社会因素和偶然因素，是一种地方性知识[②]，具有不确定性和情境依赖性，其生产过程和应用决策都需要进行磋商讨论，成为一种民主过程。

二、从知识的主客二分到主体间性

知识生产主体和客体之间的关系，从主客对立走向主体间性，是科学知识民主的认识论进路。

古代在对知识的研究过程中，世界被分为理念世界和现实世界、上帝之城和尘世之城，对知识的研究主要是把握世界的本源和存在、寻找确定性，研究的重点在本体论。到了近代，人们发现，在对世界的本源和存在的研究中，研究对象“都是处于与人的主观认识的关系中的‘存在’，当我们断言‘某物存在’时，总是不可避免地暗含着一个无条件的前提，那就是这‘某物存在’总是进入人的意识领域为人所认识的‘某物’”[③]，在对研究对象进行研究之前，首先需要对人的认识进行研究，认识论“取代形而上学或存在论占据了‘第一哲学’的位置”[④]，主要有理性主义和经验主义两个进路，前者强调理性演绎是获得知识的可靠途径，后者认为经验归纳是获得知识的可靠途径。两者都有很多学者的追捧，获得了长足的进步，主体和客体二元分立正式确定下来，并且成为认识论和社会思潮的主流，自然和人都成为一个可以被还原的机械的物理世界。在科学知识中尤其明显，从哥白尼天文学革命到牛顿力学，确立了自然存在和万物运行的秩序，知识成为一种先天存在、等待人类发现的真理，主体和客体二元分立的知识生产方法受到推崇；达尔文进化论证明了人与动物的连续性、动物与自然的连续性，人的神圣性被去除，成为一种遵循自然规律进化而来

---

① 田松 . 在历史中稳定的生活——从时间维度重述地方性与普遍性 [J]. 自然辩证法研究 , 2016, 32(7): 73−78.

② 吴彤 . 再论两种地方性知识——现代科学与本土自然知识地方性本性的差异 [J]. 自然辩证法研究 , 2014, 30(8): 51−57.

③ 贺来 .“认识论转向”的本体论意蕴 [J]. 社会科学战线 , 2005(3): 1−6.

④ 孟强 . 认识论批判与能动存在论 [J]. 哲学研究 , 2014(3): 99−105.

的存在，人的认识能力成为一种通过适者生存进化而来的一种机械能力，主体和客体二元分立的观念得到科学知识的支持。主客和客体二元分立的知识生产方法伴随着机械论思维，主体遵循先验理性或后验经验，通过科学方法，获得先验存在的客观知识，在这个过程中，主体间的磋商是没有必要的，也是不被认可的，民主被排除在知识生产之外。

主客二分的知识生产方法使得科学知识获得了显著进步，给社会带来了巨大物质财富，推动了社会快速发展。然而到了 20 世纪，两次世界大战、经济危机、纳粹主义使得西方社会陷入科学危机、文化危机和人性危机当中，理性主义和理性文化开始衰落和坍塌，其根源看似是理性本质存在缺陷，但是起源于古希腊的理性本身对确定性和秩序的逻辑推理并没有问题，问题的根本原因在于理性对自然主义和客观主义的专注①，在于主客二分的思维方式。这种思维方式使得知识成为一种对客观自然规律的镜像式反映和表征，知识生产成为个体对自然的发现，然后在人群中进行传播，知识生产具有了强烈的个人主义倾向。换句话说，知识成为人类和自然沟通的中介，理性主义和经验主义是知识之所以能够成为有效中介的保证，但是理性主义和经验主义的有效性如何得到证明呢？个体的先验能力和后天经验。这有悖于知识在古代起源时对人类生存需要和确定性的追求，人类的需要被个体的理性主义和经验主义所代替。知识生产无法获得公共性，排除了彼此之间的磋商和民主讨论。在社会危机和学术反思的情况下，主客二分的思维方式受到了质疑，主体之间的关系成为认识论中的重要问题，这为知识生产中的民主打开了大门。

在认识论意义上，康德在 18 世纪就提出了主体之间的关系，“意味着对知识的普遍有效性要求。真正知识是客观的、必然的，对每一个正常的理性的人而言，都是普遍有效的”。② 在知识生产意义上，康德关于主体

① Husserl E. Phenomenology and the Crisis of Philosophy: Philosophy as Rigorous Science and Philosophy and the Crisis of European Man[M]. Trans. Lauer Q. New York: Harper Torchbooks, 1965: 191.

② 王晓东 . 多维视野中的主体间性理论形态考辨 [D]. 哈尔滨 : 黑龙江大学 , 2002: 16.

之间关系的研究仍然是建立在主客二分的基础之上的，是要求个体进行知识生产时，做到知识的普遍化。但是，需要注意的是，知识的普遍化并不等于普遍性，普遍化是指这种知识可以被推广、覆盖，不以地点和时间以及其他情境条件为依赖，但是它在知识生产意义上，仍然是建立在特定条件中的，“在本体论和认识论意义上仍然是地方性的”。[①] 这种主体之间的关系是建立在客观性基础之上和在个体主义掩盖下的主体间性，是上述西方社会危机的根源，是被反思的对象。真正具有主体之间交互意义上的主体间性，首先由亚里士多德在伦理学意义上使用，“意指主体之间依循伦理道德原则而发生的社会关系，或者道德原则所体现出来的主体间关系情态”[②]；胡塞尔在认识论意义上强调了在对世界认识过程中主体与主体之间的相互作用，海德格尔、许茨、梅洛－庞蒂、萨特、伽达默尔、哈贝马斯都在主体交流意义上强调了主体之间的交互，交互的主体间性成为哲学的主流[③]。个体的认知框架和能力是在相互交往活动中形成的，认知过程是在互相磋商中形成的，认识结果是磋商之后共同意识的产物。主体存在于主体间性之中，知识是主体间相互作用的产物。

科学知识生产，作为近代以来最强调发现优先性的研究活动，个体在知识生产中的地位得到了充分强调，但是 20 世纪中期以来也受到主体间性思潮的影响。随着科学知识的绝对客观性受到质疑，科学知识生产中充满利益和权力等社会因素，主体间性成为科学知识合理性和有效性的重要依据；随着大科学的出现和国家创新系统的发展，个体科学家之间的知识不再像之前一样能够自动整合成完整的科学知识，科学知识生产的基础从个体转向了集体，主体间性成为科学知识生产顺利进行的保证。主体间性放弃了传统认识论中的主体和客体二元分立的思维形式，转向在主体间性中寻找知识生产的途径，知识的观念从对世界的表征走向对人与人、人与

① 吴彤．再论两种地方性知识——现代科学与本土自然知识地方性本性的差异 [J]. 自然辩证法研究，2014, 30(8): 51−57.

② 王晓东．多维视野中的主体间性理论形态考辨 [D]. 哈尔滨：黑龙江大学，2002: 16.

③ 赵康．从主体性到主体间性：西方近代交流思想史 [D]. 北京：中国社会科学院，2015: 33.

非人、自然与社会的建构，知识生产强调其过程中社会和主体交往的合法性和重要性。主体间性突出了对知识生产主体公共生活和共识的关注，共识是个体认识的组成要素，是不同个体的公共部分，包括不同个体所共同使用的语言结构、对重要问题的客观评价、对公正辩护结构的陈述方式、解释提纲、一组典型的实验、观察、工具和辩护原则、方法论范例和原则[①]，随着个体认知和知识的变化而变化。个体的主张表达、彼此之间的磋商和共识形成成为知识生产中的存在，民主成为知识生产中认识论发展的需要。

三、从知识的价值中立性到知识与秩序的共生

知识生产和应用中，从知识的价值中立性到知识与秩序的共生，是科学知识民主的实践论进路。

知识的价值中立性观念是知识发展到一定阶段的产物，机械论世界观占据了社会思潮主流，“是”与“应该”被认为是截然不同的两个领域，前者是一个事实领域，遵循自然客观规律，只有对与错之分，没有好与坏之分；后者是一个价值判断，是建立在一定的道德契约基础之上的；两者有泾渭分明的界线，前者无法过渡到后者[②]。随着近代科学的发展，科学理性被认为是一种工具理性，科学知识被认为具有价值中立性，是关于客观规律的发现，与知识生产主体的价值判断无关，“当一名科学工作者，在他表明自己的价值判断之时，也就是对事实充分理解的终结之时”[③]，“当我们判断这个或那个具有‘价值’时，我们是在表达我们自己的感情，而不是在表达一个独立于我们个人情感差异的真实事实”[④]；即使是与道德和价

① Kitcher P. The Advancement of Science: Science Without Legend, Objectivity Without Illusions[M]. Oxford: Oxford University Press, 1993: 87.

② Hume D. A Treatise of Human Nature: Being an Attempt to Introduce the Experimental Method of Reasoning into Moral Subjects[M]. Auckland: The Floating Press, 2009: 715.

③ 韦伯 . 学术与政治 : 韦伯的两篇演说 [M]. 冯克立译 . 北京 : 生活 • 读书 • 新知三联书店 , 1998: 38.

④ Russell B. Religion and Science[M]. London: Oxford University Press, 1974: 230−231.

值判断密切相关的伦理学也被认为具有价值中立性，“伦理学只给人以知识而不给人以任何别的东西，它的目标只是真理。……对一个伦理学家来说，最大的危险就是从伦理学家变成道德家，从研究者变成说教者”①，知识生产者的价值和情感被排除在知识之外。由此导致的是专家治国论的观念，强调社会治理和公共决策中科学知识的重要性，认为科学知识是中立的，只有掌握科学知识的专家才能做出合理的决策，并且这种决策因基于科学知识而具有中立性；如果决策导致了对人类有负面影响的、甚至是灾难性的后果，那么它是科学知识自身发展逻辑所无法避免的或者是一种意外。这种观念预设了一种前提，科学知识是进步的和无害的②。科学知识的生产和应用被认为是价值中立的，个体成员之间的磋商是多余的，甚至有害于客观科学知识的生产和合理决策的制定，民主被排除在外。

随着环境问题的凸显和科技引起的灾难的频发，以科学知识为代表的价值中立观念受到了质疑。事实上，知识的价值中立性有两种含义：第一，对“人类”而言的价值中立，指科学知识对于人类和其他物种的价值是等同的；第二，对个人而言的价值中立，指科学知识对每个人的价值都是等同的。20 世纪的科学知识取得的巨大进步对人类的发展 / 进化方向有潜在的重要影响，核科学、胚胎干细胞等科学知识不再是价值中立的，而是对人类的发展具有指向性，第一种价值中立性含义已经不能成立。第二种价值中立性含义依赖于传统科学体制下科学家的无私利性和有组织的怀疑精神。但是，第二次世界大战之后，“基础研究”取代了“纯科学研究”的说法，它暗示了即使是纯科学研究也具有潜在的实际用途，能够创造巨大的社会价值③；知识生产者对资本和权力的支持与依赖日益增加，在研究中无法再保持置身于利益之外，第二种价值中立性也已经不能成立。知识价值中立性观念的破灭表明知识负载着价值，是一个渗透着情感和利益的

① 石里克 . 伦理学的目的是什么 ?[M]// 洪谦 . 逻辑经验主义 . 北京 : 商务印书馆 , 1989: 619−639.

② Jasanoff S. The Ethics of Invention: Technology and the Human Future[M]. New York: W. W. Norton & Company, 2016: 25.

③ 龚旭 . 政府与科学——说不尽的布什报告 [J]. 科学与社会 , 2015, 5(4): 82−101.

领域，需要通过民主才能达到具有公正价值的知识生产和应用。

以科学知识为代表的知识不是价值中立的，而是与社会秩序共生（co-production）[①]的，一方面社会秩序影响了科学知识的发展，另一方面科学知识塑造了社会秩序。近代科学在英格兰的诞生离不开清教伦理价值观的支持，清教徒中很大一部分是社会地位正在崛起的资产阶级和商人，他们由于自己社会地位正在提高而持有一种科学也是进步的观念，认为科学会增强自己的地位和势力从而支持科学发展。[②]清教徒和资产阶级对科学的诞生和发展提供了动力和文化支持，把科学纳入到他们反对既有的阶级结构和社会秩序、建立新的阶级结构和社会秩序的努力当中。近代实验科学的胜利不仅仅因为实验是生产科学知识的有效途径，而且因为实验科学被认为能够提供道德公民的模范和一种理想的政治组织方式；英国皇家学会的早期宣传者强调，在英国皇家学会内部，成员之间可以自由讨论而不产生争执、诽谤或内斗，学会致力于和平、没有专制，已经找到了建立有效的达成共识和维持共识的方法。[③]现代科学知识的发展速度超过了社会秩序的调整速度，冲击和重构着伦理、法律和经济等社会秩序。生物科学进展及其带来的革命技术改变了传统伦理界定的生命起点、死亡终点、人性、尊严、家庭的观念；而且这种冲击是跨越国界的，比如，严格反对代孕的国家（比如法国和德国）中的夫妇，到允许代孕的国家（比如美国和印度）里通过代孕获得了孩子，[④]那么这对夫妇和孩子回到本国后，政府是否应该认定该夫妇违反相关法律规定，是否应该给予该孩子户籍以及与其他孩子同等的权利；科学研究受到了伦理和法律等社会秩序的约束，同时也通过伦理和法律在重构着全球社会秩序。科学研究领域的扩大重新界定

① Jasanoff S. The idiom of co-production[M]//Jasanoff S. States of Knowledge: The Co-production of Science and Social Order. London: Routledge, 2004: 1-12.

② Merton R K. The Sociology of Science: Theoretical and Empirical Investigations[M]. Chicago: The University of Chicago Press, 1973: 228-229.

③ Shapin S, Schaffer S. Leviathan and the Air-Pump: Hobbes, Boyle, and the Experimental Life[M]. Princeton: Princeton University Press, 2011: 341.

④ Jasanoff S. The Ethics of Invention: Technology and the Human Future[M]. New York: W. W. Norton & Company, 2016: 143.

着生命和非生命的界限[①]，重塑着经济法律和规则，重构了经济活动的参与者及其竞争能力。科学知识与社会秩序的共生，使得知识成为社会秩序建构的基础，平等公正社会秩序的建构需要知识的平等，这使得科学知识生产和应用中需要不同主体的磋商。科学知识民主成为政治民主、经济民主和社会民主的基础，成为和谐社会秩序建构的关键。

知识的情境依赖性揭示了知识的社会性和地方性特征，使得科学知识的权威性和神圣性降低，地方知识、人文学科知识和公众日常经验知识的合理性和有效性得到重视，需要通过民主来克服知识生产中利益的分歧和保证知识的可信性；知识的主体间性揭示了知识生产是一种建构而不是对自然的镜像式的反映，有必要扩大知识生产的主体，通过民主来保证知识能够代表多数人的利益；知识与秩序的共生使得知识生产和应用中蕴含的权力更加明确地暴露出来，需要通过民主来克服权力的滥用和保证公平社会秩序的建构。知识民主是知识自身逻辑演进的结果，是知识在适应社会中演进出的新的生产和应用策略。

第二节　科学知识民主的功能

自古希腊起，知识被认为是真理，是“得到辩护的真信念”，与民主无关。近代民主诞生于政治领域，逐渐扩展到经济、教育、社会领域，但是与知识无涉。当代科学知识民主的出现，既面临着与传统知识观的冲突，也面临着民主适用领域扩展的难题。从“知识”和“民主”两个角度出发，构成了科学知识民主的三种功能，即一方面生产出确定性知识，另一方面生产出平等的服务于所有人的知识，以及上述二者结合而生产出获得公众信任的知识。

① Jasanoff S. The Ethics of Invention: Technology and the Human Future[M]. New York: W. W. Norton & Company, 2016: 189-196.

对确定性的追求，是知识一直以来追求的目标。当人类从自然中诞生之后，首要面临的任务是确定自己的存在、建构秩序，与周围未知的混沌区分开来。最初，神话和宗教通过建构超自然意志而完成了这个任务，减轻了人类的精神焦虑和满足了人类的心理安全需求。① 古希腊时期，哲学的出现，开始追求逻各斯和流变事物背后的不变本原，通过思辨和辩论来追求永恒的真理，探索确定性的知识体系，确立了随后两千多年的知识发展目标。近代科学的诞生，把理性主义传统和经验主义传统结合，使严密的推理以实验的形式表征出来，进行精确的操作和书面化的记录，邀请同行进行评论和证明，使科学知识具有了客观性的形象。科学方法开始不断驱逐其他学科的知识生产方法，科学知识成为确定性和知识的代名词。然而，随着科学知识在社会中的大规模运用，科学知识所带来的负面效果开始出现，科学方法的中立性受到质疑，科学知识的确定性得以保证的客观性受到研究。人们发现科学客观性的含义是模糊的，有众多不同的表达，无法给出一个清晰的界定。从科学客观性的实现的最低要求来看，它是指，从“我知道……”和“我认为……”转换为“我们知道……”和“我们认为……”，把特定的知识生产主体转换为所有主体，于是私人知识转化为了公共知识。② 这个转换过程的神秘性和合法性是近代科学知识建构起确定性形象的奥秘，它是一个不能被触摸的黑箱。但是20世纪中叶以来，科学历史主义和科学知识社会学逐渐开启这个黑箱，并在学界中受到广泛关注和持续研究，人们发现科学知识生产过程中存在着观念、利益、权力等社会因素，科学共同体内部以及科学共同体和外界之间，存在着利益网络，科学知识生产具有情境依赖性，是通过主体间性建构起来的一种对世界的表征方式。与此同时，地方性知识和公众日常经验知识受到重视，它们在解决社会问题时表现出了有效性，比如，非洲本土知识在解决

① 王宗昱．宗教经验及其文化价值——以伊利亚德《神圣和世俗》为例 [J]. 北京大学学报 (哲学社会科学版), 2000, 37(4): 123−131.

② 罗栋．科学客观性与不变性 [D]. 北京 : 中国科学院大学 , 2016: 48−49.

非洲大陆环境危机中“发挥着难以替代的作用”[①]，美国家庭主妇利用自己日常经验知识发现了核辐射和运河污染对健康的伤害[②]，等等。科学知识生产的主体、方法和知识质量的判断标准等发生了变化，科学知识生产过程需要不同主体进行民主协商，以弥补科学理性的有限性，消除单一知识生产者的社会性，达到尽可能高的确定性。

与对知识的确定性和客观性的追求相伴随的，是对科学知识的价值中立性的追求。它意味着，科学知识平等地服务于所有人，科学知识需要民主化。民主最初即是指雅典人之中人人平等的一种政治状态[③]，由城邦公民组成的公民大会对公共事务进行表决。近代民主复兴和发展了古希腊民主，目的在于保证资产阶级内部的人人平等，手段是对政治领域的公共问题进行投票。随着经济和教育对政治民主影响的日益明显，民主扩张到经济、教育等社会领域中，从而确保人人平等的真正达成。到了 20 世纪下半叶，知识取代资本、劳动和自然资源成为创造价值和财富的核心因素，社会中不仅充斥着更多的知识，而且到处弥漫着服务于知识安排、过程、原则和表达的知识设置。[④]科学知识进入经济生产和公共决策领域，成为影响社会发展和国家建设的关键因素，表现出突出的公共性特征。[⑤]与此同时，知识的价值中立性受到了激烈的挑战，科学知识生产具有了政治意义[⑥]，一方面科学知识对人类未来的生活方式、发展方向、甚至生存产生重

---

① 张永宏．非洲：本土知识在国家建构进程中的作用 [M]// 吴彤．科学实践与地方性知识．北京：科学出版社，2017: 141−152.

② Gaventa J. Toward a knowledge democracy: viewpoints on participatory research in North America[M]//Fals-Borda O, Rahman M A. Action and Knowledge: Breaking the Monopoly with Participatory Action-Research. New York: Apex Press, 1991: 121−131.

③ Williams R. Keywords: A Vocabulary of Culture and Society [M]. Rev. ed. New York: Oxford University Press, 1983: 93.

④ Knorr-Cetina K. Culture in global knowledge societies: knowledge cultures and epistemic cultures[M]// Jacobs M D, Hanrahan N W. The Blackwell Companion to the Sociology of Culture. Malden: Blackwell, 2005: 65−79.

⑤ 田甲乐．科学知识的公共性与科学知识生产的民主化 [J]. 自然辩证法研究，2018, 34(7): 35−40.

⑥ Beck U. Risk Society: Towards a New Modernity[M]. Trans. Ritter M. London: Sage Publications, 1992: 23.

要影响，另一方面，掌握科学知识的人在获得利益和规避风险中占据着优势地位。“生产什么样的知识，谁进行生产，为了谁的利益生产，为了什么目标生产”① 成为重要的问题，科学知识的民主化成为经济民主和政治民主的基础。不同主体需要对科学知识生产过程进行民主磋商，在科学知识生产的方向、目的和进度等方面达成共识，以确保科学知识服务于公共利益。

科学知识民主的第三个功能是生产出获得公众信任的知识。弗兰西斯·培根曾说，“知识的力量不仅取决于其本身价值的大小，更取决于它是否被传播，以及传播的深度和广度”，近代科学与文艺复兴、宗教改革、资产阶级、工业革命、法国大革命一起诞生，共同造就了西方近代社会，科学知识被嵌入到西方文化中，获得了人们的尊重和信任。然而，第二次世界大战之后，科学知识生产中的社会因素、不确定性和价值负载受到持续关注，科学知识在社会应用中出现的环境污染、核泄漏等严重影响人类生活的负面效应，科学共同体中出现的科研腐败、数据造假、论文剽窃等学术不端行为，使得人们对科学知识的信心发生了动摇。起源于英国并扩展到全球的公众理解科学运动，试图通过向公众普及科学知识，使公众恢复对科学知识的信任。但是，这种运动并没有改变公众的态度。相反，随着持续的疯牛病危机、转基因作物和转基因食品安全性争论等公众极其关心的公共事件，不但未能通过科学知识得到及时解决，而且科学共同体内部不断呈现出相反的声音，公众对科学知识的质疑日益增强。在 2000 年前后，出现了科学传播的“民主模型”“内省模型”“公众参与模型”“有反思的科学传播”等，希望通过科学共同体与公众的平等民主对话，使得公众信任科学知识。跨国研究表明，不同国家的公众之间存在着对科学知识不同的认识方式和信任方式，他们在理解、认识和评估科学知识的态度和文化上是有区别的（“公民认识论”），相同的科学知识在不同国家引起

① Gaventa J. Toward a knowledge democracy: viewpoints on participatory research in North America[M]//Fals-Borda O, Rahman M A. Action and Knowledge: Breaking the Monopoly with Participatory Action-Research. New York: Apex Press, 1991: 121–131.

的争议不同，相同的科学争议在不同国家的解决途径不同，政府和科学共同体应该以符合公众传统认知的方式和信任的方式，选择合适的专家在合适的时机，与公众进行民主磋商、达成共识。通过知识民主化，公众能够参与到科学知识生产中，认识到完整的科学知识形象，了解其确定性、风险性和使用的限度，明白科学知识生产中虽然存在着无法避免的社会性、科学知识并不是不会出错的知识，但是仍然是所有学科中最具有经验性、精确性和可检验性的知识，仍然是最不易出错、最值得信任的知识。

第三节　科学知识民主的限度

科学知识的民主化在解决知识受到的质疑、使科学知识重新获得信任的过程中发挥了重要作用，促进了科学知识在社会发展和国家建设中的运用，是推动当代科学知识生产和应用的重要力量之一。然而，民主并不是万能的，民主在历史和当代实践中出现了种种弊端，知识民主的不当运用可能会加剧专家与公众之间的对立，产生对社会弊大于利的公共决策。尊重科学知识生产规律，满足社会民主化需求，厘清科学知识民主的局限性，分析科学知识民主的应用限度，是科学知识民主能够良好发挥作用的前提。

一、科学知识民主的主体性限度

20 世纪下半叶以来，知识生产领域最重要的变化之一是专业知识和专家的迅速增多。专业知识曾经主要指在研究机构和大学中生产出来的自然科学知识，而今天指包括社会科学、人文科学和日常经验知识在内的一系列知识，它们在过去半个多世纪中在解决实践问题中都发挥了重要的作用，获得了合法的专业知识地位。与此相应，专家也迅速增多，知识的专业化使得每一个人都仅仅在非常小的领域中成为专家，而在其他广泛的领域中成为外行，知识生产需要多领域专家合作才能完成，知识生产主体的扩大和知识生产的民主化成为科学知识生产的必要条件。但是，需要明确的是，科学知识民主并不是要放弃知识对确定性和客观性的追求，而是要在一个民主的秩序中进行科学知识生产，科学知识生产者之间进行理性平等对话，使科学知识更好地服务于人类进步和社会发展。因此，科学知识生产中，公众参与的主体性需要得到科学认识和合理把握，主体性的持续增强需要得到限制。

作为科学知识民主的主体性，既体现在个体层面，也体现在社会层面，而且首先体现在社会层面。个体是民主参与的直接体现者，但是在现实实践中，个体不是抽象的人，而是现实的人，其认知、行为和动机离不开所在的社会文化。社会文化是一种集体意象，是公众想象的一种生活方式和在实践中意欲达到的未来①，它对个体行为具有文化上的约束力，促使公众自愿从事某种行为。知识民主是知识社会的产物，知识不再由某一特定主体掌握，而是分散掌握在异质行动者手中，具有公共精神、多元治理观念和学习型文化的社会文化成为科学知识民主实践良好运行的必要条件。公共精神是现代性的产物，起源于西方传统社会向现代社会转型时期，工业文明的出现和旧秩序的解体造成了神权和王（皇）权价值体系的崩溃和个体价值观的觉醒和成长，一种强调人的尊严和价值、承认个体价值差异性平等存在的新的价值体系开始形成，人们交往的领域从以熟人为主要对象的私人领域转向以陌生人为主要对象的公共领域，公共利益、公共规则和公共生活等公共事务问题得到关注和发展，为民主良好运行提供了前提。与此相应，社会治理从基于权力的科层治理和基于资源的市场治理转向基于信任的网络治理和基于知识共创（knowledge co-creation）②的知识治理，治理主体得到扩展，多元治理观念逐渐形成，成为民主实践的

① Jasanoff S. Future imperfect: science, technology, and the imaginations of modernity[M]//Jasanoff S, Kim S H. Dreamscapes of Modernity: Sociotechnical Imaginaries and the Fabrication of Power. Chicago: The University of Chicago Press, 2015: 1−33.

② Bunders J F G, Broerse J E W, Keil F, etc. How can transdisciplinary research contribute to knowledge democracy?[M]//in't Veld R J. Knowledge Democracy: Consequences for Science, Politics, and Media. Heidelberg: Springer, 2010: 125−152.

促进剂。20 世纪下半叶起，随着知识经济和知识社会的到来，学习型组织和学习型文化应运而生，为科学知识传播和生产提供了文化环境。科学知识民主的良好运行，需要公共精神、多元治理观念和学习型文化得到一定程度的发展，社会文化形成一种开放的伙伴关系、公共参与与公共责任意识和学习型软环境。如果缺乏成熟的社会文化，没有良好的沟通和学习精神，大多数人的科学知识可能仅仅在名义上得到了关注和讨论，在决策过程中并没有得到认真对待，知识民主成为一种在知识的名义掩盖下的不公正和少数人的专政。

个体是科学知识民主在实践中的直接体现者，其主体性表现和限度要求更为显著。主体性问题是哲学形而上学的核心问题之一，最初表现为抽象主体性、绝对主体性，到了近代哲学，主客关系成为形而上学主要研究内容，随着形而上学研究的完成，生活世界（现实世界）得到哲学的关注，绝对主体被解构，主体间性和现实的个体主体性成为研究内容。在科学知识生产领域中，科学知识通过实验和逻辑获得的绝对客观性转向了通过主体之间磋商达成共识的主体间性客观性，个体之间民主磋商的质量成为科学知识有效性的关键因素，个体主体性需要受到限制。每个个体都平等地享有参与的权利，但是并不是每一个个体都具有相同的知识[①]和能力[②]做出公共决策。民主磋商需要成员之间“能够有效地交流意见以理解彼此之间的理由与目的，并且至少能把某些集体判断整理出来”[③]，实现群体偏好的聚合或转换，达成共识。于是，理性成为个体主体性的首要限制因素。只有具有一定程度的理性，对事情能够进行利弊分析，在满足个人偏好的同时，尊重他人偏好，愿意更改自己的偏好以最终在成员之间达成偏好，真正的民主才能实现。如果缺乏理性，表达和决策容易情绪化，把

① 杨萌，尚智丛．科技公民身份视域下的科技争议——以全民食盐加碘政策为例 [J]. 自然辩证法研究，2018, 34(2): 42-47.

② Bell D A. The China Model: Political Meritocracy and the Limits of Democracy[M]. Princeton: Princeton University Press, 2015: 32.

③ 科恩．论民主 [M]. 聂崇信，朱秀贤译．北京：商务印书馆，1988: 59.

自己的偏好与他人的偏好绝对对立起来，不以寻求解决问题为主要目的，那么，真正的民主就难以实现。责任限度，包括参与责任和公共责任。自由主义民主在当代的发展，走向了精英民主模式，公众对政治的影响日益减弱，出现了参与冷漠现象，只关心个人事情而忽视公共事务。但是，精英民主的失败不代表民主的失败，而是自由民主的失败。纠正自由民主的失败，实现民主的人民统治的本质，公众必须积极参与公共事务，参与不仅是一项权利，而且是一项义务。在参与过程中，为了达成共识，需要做出符合公共利益的决策，实现公共参与的目的。理性保证了个体以利益为目的和排序，公共责任保证了民主真正实现公共利益。最后，知识限度，主要指科学知识理解能力。民主是公众对决策的控制能力[①]，公众的民主能力对决策的质量有显著影响。在具体的科学知识生产中，往往涉及特定的专业术语和生产过程，参与民主决策的个体对知识的理解能力影响其能否做出独立的决策和决策水平。在不同的具体科学知识生产中，个体知识的限度程度是不一样的，以能够理解相应的知识为原则。

主体性发展到一定程度构成了科学知识民主良好运行的必要条件，科学知识民主实践反过来也会促进公共理性的发展、知识的学习和判断能力的提高，培育主体性。这里的公共理性不是指民主审议的普遍原则，不是确定的逻辑原则或辩论标准，而是指在实践中涉及公共利益时被公众所接受的一种推理方式，它被公众接受为合理的，它在当代渗透着不确定性的社会中解决了公众对科学知识的信任问题。[②]20 世纪下半叶以来的科学知识生产实践表明了情感和日常经验在科学知识生产和政治决策中的存在和重要性，也证明了科学与政治日益加深的交织。我们应该放弃理性与感性、知识与意见、科学与政治之间的二分和对立，它们充满着本质主义倾向，是在近代社会进程中建构起来的，不是永恒的；我们应该在当代社会实践中，通过磋商，生成公共理性。科学知识民主实践正是在具体科学知

① Almond G A, Verba S. The Civic Culture: Political Attitudes and Democracy in Five Nations[M]. California: Sage Publications, Inc., 1989: 136.

② Jasanoff S. Science and Public Reason[M]. New York: Routledge, 2012: 5.

识生产中，各相关利益行动者之间进行学习和磋商、观点改变和达成共识的过程，它促进了彼此之间的交流和理解，形成了磋商机制和平台，激发了公众的参与意识和专业精神，有助于公共理性的建构、知识能力的提高和主体性的提升。

二、科学知识民主的公共性限度

民主是公共生活领域的一种决策方式，从政治民主到经济民主和社会民主的扩展，正是公共生活领域扩大的过程。近代科学知识，从一开始就不是对超验普遍真理的追求，而是对经验世界的实证研究[①]，与军事、经济、文化进行着互动，在公共领域中发挥重要作用。从学院科学到后学院科学时代，科学知识的公共性日益显著，民主拓展到科学知识领域。[②]但是，科学知识的公共性并不是抽象的，而是20世纪下半叶以来随着科学知识对公共领域产生的影响日益显著而引起学者和政治家关注的，它存在于具体的公共决策中和科学知识生产实践中，对科学知识民主实践具有限制作用。

从公共决策角度出发，科学知识民主的公共性限度体现在民主适用于公共知识而非个人知识。在传统科学知识具有绝对真理性和客观性的观念中，科学知识是一种不考虑实用效果的纯粹知识，被放在知识的蓄水池中，与公共决策没有直接的关系。[③]科学知识的公有性保证了科学知识的公共性。但是，第二次世界大战之后，科学知识与利益、权利、秩序之间显现出日益突出的缠绕关系，科学知识不再仅仅反映外部客观世界或者调整我们对外部世界的认知活动结果，而且是我们赖以共同生活的工具，是培育人类民主共存和生活的工具[④]，是社会秩序的建构者。科学知识的公

---

① 孟强 . 科学、存在与政治 [M]. 杭州 : 浙江大学出版社 , 2018: 11.

② 田甲乐 . 科学知识的公共性与科学知识生产的民主化 [J]. 自然辩证法研究 , 2018, 34(7): 35–40.

③ Pielke Jr R A. The Honest Broker: Making Sense of Science in Policy and Politics[M]. New York: Cambridge University Press, 2007: 15.

④ Innerarity D. The Democracy of Knowledge[M]. Trans. Kinkery S. New York: Bloomsbury Academic, 2013: ix.

有性无法再保证科学知识自动成为公共知识，而是“多种知识主张经过提出、辩论、整合和合法化，才可能成为社会广泛认可的公共知识”，它需要满足“认知维度的科学合理性、经济维度的公有性和政治维度的合法性”。[①]公共知识与个人知识有了显著的区分，成为一种公共产品，需要进行民主磋商。科学知识的公共性可以根据公众对其感兴趣的程度和它对公众影响的程度，形成不同程度的公共性和民主参与程度（见表 3-1）。

表 3-1 科学知识的公共性程度

科学知识对公众的影响程度	公众对科学知识感兴趣的程度	
	高	低
高	Ⅰ	Ⅲ
低	Ⅱ	Ⅳ

第Ⅰ种科学知识的公共性程度最高，科学知识对公共领域影响较大且公众非常感兴趣，比如转基因食品安全性、环境污染和改善程度。这类科学知识对公众生活有直接的影响，且不能以公众所期望的速度解决其面临的困境，较容易引起争议。第Ⅱ和第Ⅲ类科学知识也具有较高的公共性。第Ⅱ类科学知识对公众的直接影响较小，但是其关联的其他问题与公众有较强联系，公众比较感兴趣，比如中国是否建造超级对撞机。这里的科学知识本身属于基础研究，对公众短期内没有直接的影响，但是涉及对科学的社会价值的判断以及巨额公共经费资助，因此较容易引起争议。第Ⅰ类和第Ⅱ类科学知识，公众主动参与其中，科学共同体和政治家应该积极回应公众的诉求，使得科学知识生产具有较高程度的民主化。第Ⅲ类科学知识对公众有直接的影响，但是因其影响结果较长期才能显现而没有引起广泛的公众关注，比如中国全民食盐加碘政策中碘含量的确定。这类科学知识一般只受到较小范围内公众的争议，但是对广大公众具有长远或间接影响，因此也具有公共性，相关团体和人员应该主动引导广大公众关注和讨论，进行民主决策。第Ⅳ类科学知识无论是科学知识本身还是其关联的社

① 杨辉. 科技决策相关公共知识生产模式的演变 [J]. 自然辩证法研究, 2016, 32(8): 51−56.

会问题，都对公众影响较小，并未引起公众的关注，比如基础数学。这类科学知识属于较接近于传统的纯粹科学知识，其公共性可以不通过民主化来保证。科学知识的公共性与私人性的区分不是固定的，科学知识的公共性程度与科学知识在公众日常生活中的相对位置有密切关系，当科学知识对科学知识生产过程的非直接参与者产生重要影响时，科学知识的私人性程度相对降低、公共性程度相对提高①。上述四类科学知识的公共性程度是社会发展到当代的结果，随着社会的发展可能发生新的变化，对科学知识民主产生相应的要求和限制。

从科学知识生产实践角度出发，科学知识民主的公共性限度体现在民主在科学知识生产不同阶段的适用。近代科学知识生产方式，是伴随着资产阶级生活方式②和社会契约论③的确立而建构起来的，它被纳入到新社会秩序中，科学不干预政治，科学与民主无涉。在随后的历史进程中，科学兑现了给予社会的承诺，得到了社会的尊敬和支持，科学与政治之间保持着稳定的平衡。直到二战之后，这种平衡被打破，科学共同体的自治被持续质疑，民主逐渐侵入科学知识生产内部。但是，旧平衡并没有崩溃，新平衡也尚在建构过程中，新的知识生产方式，如后学院科学、后常规科学、模式 2（指二战后的科学形态）、大科学等，对科学知识生产规律改变的程度，还未形成共识，科学知识生产作为一种具体的社会实践，并不是所有生产阶段都需要民主，而是在有争议阶段才需要民主。争议的重要起因之一是价值判断不同，当有共同的目标和诉求时，民主化只需要在科学知识生产的后端，即从科学事实过渡到事实与价值混合阶段时需要民主化，比如传统农业中的知识民主；当争议扩大到知识生产的目标和背景规范时，民主化从科学知识生产的后端延伸至前端，比如可持续发展农业中

① Dewey J. The Public and Its Problems: An Essay in Political Inquiry[M]. Chicago: Gateway Books, 1946: 16.

② Shapin S, Schaffer S. Leviathan and the Air-Pump: Hobbes, Boyle, and the Experimental Life[M]. Princeton: Princeton University Press, 2011: 341.

③ 孟强 . 科学、存在与政治 [M]. 杭州 : 浙江大学出版社 , 2018: 97.

的知识民主。[①]科学知识生产阶段可以分为议程设置、研究资料收集、研究实施、成果检验四个阶段。议程设置阶段主要涉及对资源配置的协商和决策[②]，包括资金、人力和设备等，它直接影响到科学知识的应用，比如目前很多生物医学研究主要针对的是富人社会的疾病，其治疗方法无法移植到贫穷社会中，应该在全球健康民主审议中进行议程设置[③]，保证科学知识生产平等地为所有人服务。研究资料是研究实施的必备品，研究资料的贡献者具有哪些权利需要进行民主磋商，比如生物医学研究中特殊病例组织的捐献者的权利，不应该由研究者和研究机构决定，病理组织转移中的话语权和研究成果商业化获得利益的分配权不应该得到忽视[④]，研究资料的使用事实上是一个权利分配的过程，需要得到民主协商。研究过程中的民主受到关注主要是由于科学知识社会学的发现：实验中存在着数据判断与选择[⑤]、程序调整与改写[⑥]，以及地方性知识和日常生活经验知识在解决实际问题中的有效性；科学研究的社会性和科学认知方式的局限性得到揭示，公众的知识背景和思维方式得到了尊重和认可。研究成果的表达充满了修辞[⑦]，研究成果的应用不仅是知识的移植，而且是实验室环境的移植[⑧]，成果检验不是自然现象的纯粹检验和实验结果的客观重复，而是不断的修正和磋商，而且一些成果评价主要取决于应用者的体验和评价，比如药物研究和农业种子研究，民主在成果检验阶段应该发挥重要作用。科学知识生

---

① Carolan M S. Democratizing knowledge: Sustainable and conventional agricultural field days as divergent democratic forms[J]. Science, Technology & Human Values, 2008, 33(4): 508–528.

② Kitcher P. Science, Truth, and Democracy[M]. Oxford: Oxford University Press, 2001: 118.

③ Kitcher P. Science in a Democratic Society[M]. New York: Prometheus Books, 2011: 100–101.

④ Jasanoff S. The Ethics of Invention: Technology and the Human Future[M]. New York: W. W. Norton & Company, 2016: 185–189.

⑤ 巴恩斯，布鲁尔，亨利．科学知识：一种社会学的分析 [M]. 邢冬梅，蔡仲译．南京：南京大学出版社，2004: 26–28.

⑥ 劳斯．知识与权力：走向科学的政治哲学 [M]. 盛晓明，邱慧，孟强译．北京：北京大学出版社，2004: 236.

⑦ Latour B. Science in Action: How to Follow Scientists and Engineers Through Society[M]. Cambridge, MA: Harvard University Press, 1987: 30.

⑧ 劳斯．知识与权力：走向科学的政治哲学 [M]. 盛晓明，邱慧，孟强译．北京：北京大学出版社，2004: 242.

产不同阶段的公共性程度不是固定的，它随着对知识的社会和政治研究的扩大而不断演变，科学知识民主化从规范研究走向社会实践过程中，需要根据具体科学知识生产的具体阶段，采取相应的民主策略。

科学知识民主的出现有着坚实的理论基础和实践需求，进一步动摇了科学知识的绝对客观性地位，把科学知识从“庙堂之上”拉入到“江湖之中”。无论从理论研究还是从日常实践中，科学知识在当今国家和个人生活中都比以往更加重要，但是也引起了史无前例的争议，科学知识民主的目的并不是推翻知识的权威地位，而是强调科学知识生产主体的多元化和主体之间的互动，弥补科学知识生产的社会性和知识应用的不确定性给知识在社会中的地位带来的威胁，给科学知识生产寻找一条新的途径来重新获得确定性和客观性，使得生产出的科学知识平等地服务于所有人和获得人们的信任，赋予科学知识以合理的地位。从对科学建制的社会研究到对科学知识的社会、政治和文化分析，从对科学革命的研究到日常实验研究，从科学哲学家和科学史家的研究到跨学科研究，科学知识生产的本身形象日益得到呈现，科学知识既非先验给予的，也非纯粹社会建构的，而是在历史实践中生成的。它是生产主体和自然碰撞的结果，是生产主体意志的体现，需要民主化来保证公共性的实现；它是物质规律的体现，民主化需要限度。时代精神决定了人们对知识创造和传播的理解[①]，处于时代洪流中的个体既被时代打上深刻的烙印，也深深受其微观背景和环境的影响，表现出独特的认知方式和表达风格。具有公共精神、多元治理观念和学习型文化的时代精神和具有理性、责任和知识的公众成为知识民主的主体性限度。在民主实践中，科学知识的生产和应用不是抽象的，不同科学知识在公共领域中处于不同的地位，科学知识的不同生产阶段呈现出不同的开放性，特定条件下的科学知识的公共性程度也是限制知识民主运行的重要条件。

---

① Raza A, Murad H S. Knowledge democracy and the implications to information access[J]. Multicultural Education & Technology Journal, 2008, 2(1): 37–46.

科学知识民主使公众参与权从政治领域扩大到知识领域，对传统公共政策、社会治理和民主制度产生一定的冲击。传统公共政策往往基于知识和政策之间的线性模式而制定，所依据的知识是一个黑箱，容易导致被动型政策、观点型政策和符号型政策，具有临时性、宣传性和鼓吹性、应付即将到来的选举为特征，无视问题解决[①]；科学知识民主打开了科学知识生产和应用的黑箱，促使公共政策制定中的科学知识生产向公众开放，多元利益行动者参与到政策制定中，使得政策真正符合公共利益。异质行动者之间的冲突是社会结构的固有成分[②]，冲突本身并不是社会秩序的破坏者，一定程度的冲突可以促进彼此的了解和沟通，有助于偏好转变和共识达成。随着权力和资本在组织共同体行动中重要性的下降，科学知识重要性的上升，对知识交换、转移和共享的协调机制进行研究的知识治理成为科层治理、市场治理和网络治理的重要补充[③]，它通过知识磋商，创造新的观念和解决办法，使异质行动者放弃原有的观念和实践，避免僵化的互动模式、没有进展的谈判和利益冲突，共同行动。民主不再局限于议会和换届选举，而是拓展到任何有争议的地方和时刻[④]，从宏观制度安排延伸到微观公共生活领域。科学知识的民主与传统科学共同体对科学知识进行自治产生了冲突，科学共同体的传统研究方式和处理公共事务的方式受到了挑战，科学共同体的高尚形象受到了质疑，在这种压力下，科学共同体出现了一些新的变化，这是第四章要研究的主题。

---

① 张云昊．循证政策的发展历程、内在逻辑及其建构路径 [J]. 中国行政管理，2017(11): 73−78.

② 潘泽泉．行动中的社区建设：转型和发展 [M]. 北京：中国人民大学出版社，2014: 63.

③ van Buuren A, Eshuis J. Knowledge governance: complementing hierarchies, networks and markets?[M]//in't Veld R J. Knowledge Democracy: Consequences for Science, Politics, and Media. Heidelberg: Springer, 2010: 283−297.

④ Latour B. From realpolitik to dingpolitik or how to make things public[M]//Latour B, Weibel P. Making Things Public: Atmospheres of Democracy. Cambridge, MA: The MIT Press, 2005: 14−43.

第四章

科学共同体面临的挑战

一直致力于追求客观性和真理的科学方法论并没有保证科学家不会出错，不能保证他们之间没有分歧。[①] 从历史上看，科学研究是一种充满争论和质疑的事业，科学发展进程中总是伴随着不同学派之间以及学派内部的争论和批判，“有组织的怀疑精神”是科学共同体的社会规范之一。但是，传统中，争论仅仅在科学共同体内部进行；他们在向社会宣布研究内容和结果、表达观点和态度时，往往呈现出同一个声音，表现为一种力量。直到 20 世纪下半叶，除非专门研究科学内史，人们很难看到科学共同体中的分歧；但是今天，打开报纸、电视、互联网，到处充斥着科学家之间的争论。科学共同体当中出现了日益增多的分歧，他们无法找出一个人和一种声音，来代表共同体的观点和态度同社会进行交流；在遭到公众抗议时，有些科学家甚至会改变自己的态度[②]。这使得公众和政府在面临科学问题时，不得不考虑相信哪些科学家，不得不考虑是否应该相信科学家，不得不质疑科学家表达的观点背后是否以利益因素为主导。同时，小

① Martin B, Richards E. Scientific knowledge, controversy, and public decision making[M]//Jasanoff S, Markle G E, Petersen J C, et al. Handbook of Science and Technology Studies. Rev. ed. Thousand Oaks: Sage Publications, 1995: 506-526.

② Bucchi M. Beyond Technocracy: Science, Politics and Citizens[M]. Trans. Belton A. New York: Springer, 2009: 22.

科学时代走入大科学时代，政府日益介入到科学知识生产过程中。科学共同体遭到了信任危机和合法性危机，作为科学知识生产的主体地位的合法性受到了质疑。

第一节 科学家和科学共同体

"科学家"(scientist) 一词直到 1834 年才出现，在此之前，作为一种职业的科学家并不真正存在，那些研究自然奥秘的人被称为学者 (savant)、自然哲学家 (natural philosopher)、研究科学的人 (man of science)、精通学问之人 (virtuoso)、科学培育者 (cultivator of science)，等等；1834年，英国学者惠威尔 (William Whewell) 半开玩笑地建议用"科学家"一词指代以科学研究为职业的人；大约在 1840 年前后，惠威尔和一些学者再次提出了使用"科学家"一词，由于该词含有从事专门研究和靠科学谋生的含义，因此其地位被认为低于自愿献身给科学的绅士学者，直到 19 世纪 90 年代，仍然受到了赫胥黎、开尔文、瑞利等著名人士的反对；到 20 世纪 20 年代之后，由于"科学家"一词使用的便利性而不再受到反对，被科学界、学术界和新闻界普遍承认。[①②]随着科学的发展，个体科学家已经无法离开所研究的具体学科而从事自己的研究、必须成为专业化的科学家组成的集体的一员而进行研究，20 世纪 40 年代，科学共同体 (scientific community) 一词应运而生[③]；此后，随着默顿和库恩对科学共同体的阐述，科学共同体一词逐渐流行起来。

在现代社会中，"科学家"和"科学共同体"是两个广为流传、家喻

① Kragh H. An Introduction to the Historiography of Science[M]. New York: Cambridge University Press, 1987: 25.

② 陈光 . Scientist 一词的社会承认——纪念惠威尔提出 Scientist 一词 150 周年 [J]. 科学 , 1990, 41(3): 171-175.

③ 博兰尼 . 自由的逻辑 [M]. 冯银江 , 李雪茹译 . 长春 : 吉林人民出版社 , 2002: 57.

户晓的词。“科学家”一词既可以指个体科学家，尤其是具有一定知名度的著名科学家，也可以指各种科学共同体，本书中的科学家一词如没有特别说明，一般是指科学共同体。“科学共同体”一词可以在许多层次上使用，在含义最广的层次上，是所有自然科学家的共同体。在稍低层次上主要是科学专业共同体，有物理学家、化学家、天文学家、动物学家等的共同体，再低一层是主要的次级团体：有机化学家以及其中的蛋白质化学家、固体高能物理学家、射电天文学家等等，最后一层是再次一级层次上的团体，通常是某个具体研究方向上的团体，“它会产生典型的百人左右的共同体，有时人数更少”。[①]本书中的科学共同体并不限定具体哪个层次，而是在通俗意义上使用，主要是强调科学共同体从事的职业与其他共同体从事的职业不同。

科学哲学和科学社会学分别主要研究了科学共同体所遵从的认知规范和社会规范，以及与其他专业和专业共同体之间的关系，揭示了科学共同体的独特性和高尚性，但是回避了对科学共同体中利益的研究。然而，作为现实存在的科学共同体，其利益（这里的利益“应做广义的理解，不仅指物质利益——薪酬待遇、工作条件、福利保障等，而且指非物质利益——学术利益、职业声望、社会地位等”）是不可回避的，“科学家创建或参与特定科学共同体的根本目的在于实现或预期实现那些仅凭个人力量无法实现的某种利益，特定科学共同体与特定利益诉求本质相关，而科学共同体是由认同和谋取特定利益的科学家组成的群体，实现其核心利益是特定科学共同体存在的根本原因”。[②]本书承认科学共同体在认识论和社会学中的独特性和高尚性，承认科学共同体在人类知识进步和社会发展中所做出的杰出贡献，主要考察科学共同体作为一种职业共同体，如何运用其职业——生产、传播和促进应用科学知识——建构和维护社会公益和自己在社会中的角色和地位。

① 库恩．科学革命的结构 [M]. 金吾伦，胡新和译．北京：北京大学出版社，2003: 159-160.

② 程志波，李正风．论科学治理中的科学共同体 [J]. 科学学研究，2012, 30(2): 225-231.

第二节 科学共同体产生了分歧

正如哲学家之间、神学家之间、历史学家之间充满着分歧一样，科学家之间也充满着分歧，他们的研究都是对未知世界的探索，研究过程中的分歧是一种正常的现象。但是，令人感兴趣的是，科学共同体的分歧为什么在20世纪中叶以来逐渐暴露于公众面前。

一、科学家价值观导致的科学共同体分歧

人类追求科学知识的目的一直被认为是追求真理和人类福祉，但是，真理和人类福祉是一个宏大的概念，是方向性的指导，并不能做出具体的要求。科学研究追求超越价值约束的客观真理，进行面向大自然的客观研究，但是这只是一种乌托邦式的要求。科学共同体只有和个人价值观一致时，追求真理和人类福祉才能对科学研究行为做出具体的指导；否则，科学共同体中必然产生分歧。

“如果一种新的社会性活动能够在整个社会上站住脚并成为社会思想感情的汇聚点，它就必须得到社会秩序与其中价值观念的支持”①，近代科学作为一种社会建制的诞生同样离不开社会价值观念的支持。科学研究从一种个人的、零散的活动，转变成一种共同体的、社会建制的活动，“其先决条件业已深深扎根在这种哺育了它并确保着它的进一步成长的文化之中；它是长时期文化孵化生产的一个娇儿”②。清教伦理对个人苦修和自我救赎的强调和对研究细节的重视，与科学研究的价值观念不谋而合，科学的价值符合清教伦理要求，进而与资本主义发展要求相符合，从而得到支

① 尚智丛. 科学社会学——方法与理论基础 [M]. 北京：高等教育出版社，2008: 103.

② 默顿. 十七世纪英国的科学、技术与社会 [M]. 范岱年，吴忠，蒋效东译. 成都：四川人民出版社，1986: 79.

持，科学共同体的发展具有了有利的环境。此后，科学共同体无论是在与宗教的斗争中，还是在社会问题上，都是作为一种声音而出现的。

到了 20 世纪，科学的发展超出了科学家的预期。爱因斯坦发现了质能方程，但是没有预见到在他有生之年能够看到原子能得到释放，他只是认为那在理论上是可能的[①]。然而，原子弹不但很快制造了出来，而且用在战争当中，具有巨大的杀伤力。二战结束之后，纽伦堡审判中发现一些医生以惨无人道的方式进行人体实验，《寂静的春天》一书描述了化学产品的使用造成的环境破坏，科学家开始反思科学知识是否真的会造福人类，以及科学发展的目的和方向，科学共同体的意见开始出现分歧。在挺核反核运动、干细胞伦理争论中，科学共同体并没有发表一致的意见，一些科学家认为科学研究应该只关心未知世界的探索，不用考虑研究结果带来的社会影响；另一些科学家从这些研究对人类的终极价值出发，认为相关研究会损害人的价值并可能带来潜在的危害，反对进行相关研究。在生物技术研究中，生物学家也表现出了怀疑和惊慌，认为存在着对人类健康和环境造成伤害的风险。[②]在全球减少碳排放量问题上，一些科学家认为应该从气候变化的历史原因出发，优先考虑国家利益和国家平等，比如，中国科学院院士丁仲礼基于 IPCC（Intergovernmental Panel on Climate Change，联合国政府间气候变化专门委员会）碳减排方案中分配不公正而反对该方案[③]；另一些科学家认为应该更加关注气候的现状和未来，从人类整体利益出发。科学共同体成员之间的价值观出现了分歧，这直接影响到科学共同体的意见分歧。

---

① 爱因斯坦．爱因斯坦文集：第三卷 [M]. 许良英，赵中立，张宣三编译．北京：商务印书馆，1979: 202.

② Jasanoff S. Designs on Nature: Science and Democracy in Europe and the United States[M]. Princeton: Princeton University Press, 2005: 46−47.

③ 科学新闻．《科学新闻》专访丁仲礼：科学理性地对待气候变化问题 [N]. 科学新闻，2010-08-04.

二、科学家学科背景分歧导致的科学共同体分歧

传统上，学科之间划分比较明确，但是20世纪30年代在美国已有数个跨学科研究项目[①]，20世纪下半叶起跨学科研究已经成为研究中的常态。这就产生一个问题，虽然不同学科背景的科学家关注同一个问题，但是他们的理论假设不同，采用方法不同，而且就像人的手指一样彼此之间有共同的起源但是没有交流[②]，往往最终得出了相反的结论。中国在21世纪初，在是否需要在食盐中加碘的问题上有诸多争议，以内分泌学界和临床医学界为首的学科，通过研究人体尿碘含量、甲状腺疾病等临床实践，认为应该降低食盐中的碘含量、停止实施全民食盐加碘政策；而地方病学界通过对病区调查和从科学实验出发，强调食盐加碘的重要性。[③]在转基因作物是否安全上，不同学科背景的人分别从健康安全、生态安全、粮食安全和国防安全出发[④]，得出相反的结论。在印度博帕尔化学毒气泄漏事件中，在受害者受害原因和治疗方案的讨论中，医疗专家从不同的视角出发，彼此之间争论不休。[⑤]

三、利益导致的科学共同体分歧

利益包括经济利益和政治利益。在经济利益导致科学共同体分歧层面，主要是由科研经费使用和经济收益的竞争所导致。第一，科学研究的范围在宏观和微观层面不断扩展，研究领域迅速膨胀，所需经费增长速度远远超出政府对科研经费资助的增长速度，科学家为了获得资助，彼此之间需要进行激烈的竞争。同时，政府希望资助的经费能够得到收益，并且

---

① 唐磊．理解跨学科研究：从概念到进路 [J]. 国外社会科学，2011(3): 89–98.

② Barnes B. About Science[M]. New York: Blackwell, 1985: xi.

③ 杨萌．中国全民食盐加碘政策变迁过程中的公共知识生产研究 [D]. 北京：中国科学院大学，2013: 30.

④ 杨辉．知识与秩序的共生：中国转基因作物安全评价决策中的公共知识生产 [D]. 北京：中国科学院大学，2015: 113.

⑤ Jasanoff S. The Ethics of Invention: Technology and the Human Future[M]. New York: W. W. Norton & Company, 2016: 78–79.

收益越多越好、越快越好，这就使得科学共同体一方面需要遵守科学研究规范，另一方面需要考虑科学研究如何符合政府偏好。为了在竞争中获得胜利，个体科学家之间形成联盟是一种有效的竞争策略，彼此之间在观点上互相支持、论文中互相引用，最终导致竞争的学派之间分歧日益增大。第二，在经济社会中，科学研究是科学家赖以为生的职业，而且同其他职业一样存在着收入的巨大差距[①]，少数的科学家掌握着学科发展方向、论文发表评审权、主要研究项目经费，享有各种奖励和崇高的声望；其他科学家为了发表论文、拿到研究项目、获得更多的报酬，不得不依附于有很高地位的科学家。这种现象事实上已经打破了科学研究中的自由研究和自由竞争，不同派别之间形成一种经济利益的争夺。

英国皇家学会的前史中经常提到的特点之一是，在学会前身的那个圈子举行非正式聚会时，参加者们同意不讨论宗教和政治，而是冷静地谈论中立的科学领域[②]；然而，政治利益现在正在导致科学共同体的分歧，主要有两方面的体现。第一，科学家之间因政治利益而形成合作和联盟。早在 19 世纪下半叶就可以看到这种情况，法国的科学精英们总是带有政治色彩，他们之间的合作常常出现紧张局面，并且是不稳定的。一旦政治的联盟消失，政府发生更迭，甚至也许只是高等教育的部长或主任更换，精英集团就处于政治上分裂的危险之中。各个派别利用科学机构作为个人或小集团活动的基地，而不是为了科学共同体的利益作为一个整体来采取行动。[③]在当代社会关于气候变化、核废料处理、大气和水污染等争论中，观点对立的双方都可以从科学研究中找到支持自己观点的科学证据；[④]科学家在一些问题上会出于政治需要而产生分歧和联盟。第二，不同国家的科学家之间为了自己国家利益而形成分歧。在气候变化问题上，不同国家的

① Lok C. Science's 1%: how income inequality is getting worse in research[J]. Nature, 2016, 537(7621): 471–473.

② 本－戴维．科学家在社会中的角色 [M]. 赵佳苓译．成都：四川人民出版社，1988: 137.

③ 本－戴维．科学家在社会中的角色 [M]. 赵佳苓译．成都：四川人民出版社，1988: 203.

④ Sarewitz D. How science makes environmental controversies worse[J]. Environmental Science & Policy, 2004(7): 385–403.

科学家基于不同的国家利益和理论背景，建构不同的气候变化模型，使得气候变化问题事实上已经成为政治问题。

四、媒体报道和公众压力导致的科学共同体分歧

传统上，科学与媒体和公众很少有交叉点，科学共同体不关心媒体报道和公众对科学的看法，媒体很少报道与科学有关的内容，公众很少关心科学研究和进展。但是在当代，科学家在媒体中的曝光率越来越高，媒体报道中出现了越来越多的科学内容，公众越来越多地讨论科学，科学走进了媒体和大众，传统上由科学共同体或科学共同体和政府共同体决策的科学议题，成为媒体议题和公众议题。在转基因争议、气候变化争议、PX项目争议等问题中，政府、企业、公众都是争议不同方，都有自己信任的科学家。处于争议中的科学家不得不考虑自己站在哪一方。在意大利的一次放射性废弃物处理的争议中，当政府选址所在地的居民进行抗议且受到公众关注时，很多专家表达了自己对政府选址合理性的怀疑。[①] “更严重的是，有些科学家，如气候变化最有名的推动者施耐德和汉森，则有意利用环境运动和媒体的……特点，为之提供夸大的科学信息。” [②]

《自然－生物技术》（*Nature Biotechnology*）2016年第7期发表了韩春雨作为通讯作者的基因编辑技术的新成果[③]，该文章于5月2日在线发表之后，文章中实验的可重复性引起了持续的争议（以下简称韩春雨事件）。传统上，科学实验的可重复性争议是科学共同体内部的事情，只有在科学共同体承认之后才会得到媒体和公众的关心。但是，在韩春雨事件中，媒体和公众对韩春雨论文实验的讨论和判断速度，超过了科学共同体判断的速度，使得该事件迅速成为媒体议题和公众议题。在这种情况下，科学家

① Bucchi M. Beyond Technocracy: Science, Politics and Citizens[M]. Trans. Belton A. New York: Springer, 2009: 22.

② 戴建平．气候科学共识的起源与本质[J]. 清华大学学报（哲学社会科学版），2014, 29(1): 140−150.

③ Gao F, Shen X Z, Jiang F, et al. DNA-guided genome editing using the Natronobacterium gregoryi Argonaute[J]. Nature Biotechnology, 2016, 34(7): 768−773.

的行为受到媒体和公众的影响，媒体报道在牵引着韩春雨事件的整体进展情况。科研评价体制、经费管理体制、民族自信心等影响着媒体关注方向和报道重点，而科学共同体不是生活在真空中，必然会受到上述因素的影响。在之前的科学问题中，科学共同体是主角，而现在，科学共同体只是参与主体中的一方，科学家的行为既要遵循科学发展的规律，又要符合国家目标、媒体特点、公众爱好。新的环境下，科学共同体能否以及是否有必要继续形成一种声音，还无法得出结论。但是毫无疑问的是，在当代很多事务中，科学共同体存在分歧。

第三节　政府在大科学时代科学知识生产中开始发挥作用

20世纪中叶起，科学知识生产模式发生了重要变化，小科学让位于大科学，科学知识在国家建设、社会发展和公共决策中发挥基础作用，科学知识生产成为一种公共事务。政府逐渐介入到科学知识生产中。

一、政府对科学知识生产的介入

西方科学的起源一般追溯到古希腊，是雅典人对自然的好奇和逻辑的追求，是一种不追求实用目的的纯粹知识，它属于自然哲学，试图通过理性思辨探求事物的本质，“带领我们穿越可感世界的虚幻流变而抵达那纯粹的本质世界”①，是永恒的“理念世界”，追求的是超越现实的理想、真理和正义。这种知识并不一定是无用的，它能够预测天气、管理公共事务、统治国家等，柏拉图从而提出了“哲学王”的思想②。但是，这种知识生产是只有经过训练的哲学家才能生产出来，他们是理想主义者，不关注

① 吴奇．知识观的演变 [D]. 北京：中国社会科学院，2003: 1.

② 柏拉图．柏拉图全集：第 2 卷 [M]. 王晓朝译．北京：人民出版社，2003: 540.

现实，这样的知识生产模式和目的与希腊城邦政治是相互矛盾的。城邦政治是对公共空间的追求，城邦公民通过共同参与事务的讨论和管理，达到集体中的每个人德性的完善、卓越的实现①。在科学知识和政府的古代起源中，科学知识掌握者试图参与政府管理，而政府对科学知识和科学知识生产并不感兴趣。

古希腊开启的理性传统，在中世纪受到基督教思想的压制，到文艺复兴时期，哲学、艺术、文学和科学领域出现了思想大解放，引起了科学革命，诞生了近代科学。与古代科学相比，古代科学是对事物如何运行进行描述，而近代科学是对事物过去如何运行进行描述；经验（实验）在近代科学中成为已经发生的事件，观察者是该事件的一部分，经验（实验）的呈现与特殊的人、时间和地点有关，经验（实验）的具体性和逼真性使得对过去事件的描述获得了权威地位。②科学知识生产过程具有了可视化和可见证性的特征，产生了客观性和可检验性的形象，是一种比古代纯粹推理科学更加可靠的知识生产方式。不仅如此，实验科学被认为能够提供道德公民的模范和一种理想的政治组织方式。③科学成为一种独立的社会建制，科学的自治与新兴资产阶级的兴起具有共同的价值观而获得他们的支持，科学共同体获得政府的特许具有了自治权力④。政府作为对公共事务管理的机构，在近代科学诞生不久就让掌握科学知识的人在政府中担任职务⑤，运用科学知识进行统治，但是不对科学知识生产过程进行干预。

科学知识遵循自身的逻辑获得了快速发展，在给人类带来极大物质财富和促进社会快速发展的同时，也在国家战争和国际竞争中显示出巨大的

---

① 姜维端. 从陶片放逐法到苏格拉底的审判——雅典民主制理念的历史嬗变 [J]. 北京社会科学, 2015(8): 120-128.

② Dear P. Totius in verba: rhetoric and authority in the early Royal Society[J]. Isis, 1985, 76(2): 145-161.

③ Shapin S, Schaffer S. Leviathan and the Air-Pump: Hobbes, Boyle, and the Experimental Life[M]. Princeton: Princeton University Press, 2011: 341.

④ 姚远. 近代早期英国皇家学会社团法人的兴起 (1660-1669)[D]. 长春: 吉林大学, 2008: 28.

⑤ 罗素. 西方哲学史: 及其与从古代到现代的政治、社会情况的联系: 下卷 [M]. 马元德译. 北京: 商务印书馆, 1996: 5

力量，受到了政府极大的重视，政府在 20 世纪上半叶起开始希望干预科学知识生产，促使科学知识能够满足政府目标。二战之后，曼哈顿工程的研究模式成为很多研究的样板，科学知识生产从小科学时代进入大科学时代。

在大科学项目中，政府一方面通过科研经费资助和管理成为科学知识生产的干预者，资助那些符合政府目标的科学研究，并且对经费进行审计。另一方面，通过组织不同专业的科学家进行协作知识生产成为科学知识生产的干预者。在小科学中，个体科学家生产出的知识是一种相对完整的知识，个体科学家的知识被认为会自动汇聚成整体的科学知识；但是随着科学研究分工日益精细，个体科学家生产出的知识很难在国家建设和社会发展中发挥重要作用，科学家之间的合作和集体管理成为科学知识生产的关键环节。政府通过大科学项目把不同专业的科学家聚集到一起，设置共同目标和培育共同价值信念，通过经费资助和项目管理，促进大量科学家之间合作进行科学知识生产。在 20 世纪科学的发展中，“人们逐步达成一致的观点：政府应主导和组织科学发展，科学发展最终要体现国家目标”①，政府对科学知识生产过程的干预程度日益加深。

科学知识生产与政府之间的关系是相互独立还是互相合作，不是先验决定的，而是由科学知识在政府中发挥的作用和人们所持有的科学知识生产的观念所决定的。政府作为公共事务的管理者，对国家发展和公共决策中的知识生产一直进行积极有效的干预。当科学知识在 20 世纪成为国际竞争和社会发展中日益重要的因素时，政府对科学知识的重视程度达到前所未有的提高。与此同时，科学知识在宏观和微观上快速发展，科学分支学科持续增加，科学研究方向日益多元化，在丰富科学知识的同时，也分散了科学研究力量；政府需要在人力、资金、仪器等方面集中科学研究方向，以便于科学知识生产服务于国家建设。20 世纪下半叶起，科学知识

① 尚智丛，卢庆华．科学的“计划”与“自由”发展：争论及其影响 [J]. 自然辩证法研究，2007, 23(4): 64−66.

社会应用负面效果的凸显和科学知识生产过程中利益和社会因素的被揭示，给予政府以保证科学知识生产公正和服务于大多数人的理由而干预科学知识生产。政府介入科学知识生产成为当今大科学时代的必然选择。

二、政府在科学知识生产中的作用

在大科学时代，科学研究的社会化和组织化程度较高，科学知识生产主体从个体变成群体，科学知识生产的组织是否合理成为能否有效生产科学知识的重要问题。政府作为有经验的公共事务组织者、管理者和服务者，开始在科学知识生产中发挥积极作用。

1. 政府推动和协调科学知识生产

在知识社会中，科学知识成为国家建设和国际竞争的关键因素，政府需要使科学研究符合国家需要。在二战即将结束的1945年，万尼尔·布什在其具有深远影响意义的《科学：没有止境的前沿》中，不断暗示和强调基础研究能够带来更多的工作机会、更高的工资、更高的生活水平等，从而提高社会福祉。[①] 这表明了科学研究与政府目标能够一致，政府能够推动科学知识生产。政府对科学知识的干预从应用阶段提前到基础研究阶段。政府在科学知识生产中的作用在大科学时代表现尤为突出。在大科学时代的科学知识生产中，政府的需求开始对个人的自由研究兴趣形成压制；与此同时，随着后现代社会的到来和建构主义的兴起发展，学术共同体出现碎片化[②]，学术共同体对个人认知、研究内容和动力的影响在削弱，政府作为科学知识的主要需求者，成为科学知识生产的重要推动者。

大科学时代的科学知识生产是一种集体的事业，需要彼此之间的合作，但是个体科学家之间的信任是很难解决的问题。社会建构主义和后现代学者充分揭示了科学知识生产中存在的社会因素，科学知识具有普遍真理的观念已经受到激烈质疑，科学知识生产从对自然的表征走向对社会的

① 龚旭. 政府与科学——说不尽的布什报告 [J]. 科学与社会, 2015, 5(4): 82-101.
② 王建华. 学术自由的缘起、变迁与挑战 [J]. 清华大学教育研究, 2008, 29(4): 18-27.

实践，科学知识具有社会性、文化性和情境依赖性，个体科学家的信念、利益和权力影响着科学研究的选题和科学知识生产过程，进而影响到科学知识生产的结果。科学家之间的信任由传统的基于个体之间的信任，转向基于“社会角色、社会机构或组织、技术系统和市场的信任”[①]，科学知识生产之前一直被认为是基于认知达成共识，隐匿了其中科学家之间的信任关系，在大科学时代中得到揭示和凸显。与此相关的是科学知识生产的可重复性问题。政府出现在科学知识生产中，协调科学家之间的信任（含科学知识生产的可重复性）问题。

政府在推动和协调科学知识生产中采取的策略有如下三种。第一，设置一些具有明确研究指向的课题，在科学共同体中进行招标研究，既对进行研究人员进行了经费资助，也是一种荣誉奖励，在很大程度上调动了科学共同体成员进行该方面研究的积极性。而且，在当今大科学时代，研究生和导师之间在很大程度上是任务导向的科研契约关系、进行课题研究成为导师培养研究的主要形式[②]，政府通过设置研究目标明确的招标课题也培养了国家需要的特定人才。第二，设立一些集体奖项，促进科学家之间的协作。近现代科学奖励制度以对科学家的个人奖励为主，强调科学家个人在科学发现中的重要作用和优先权，认为个人的独创性应该获得承认和奖励。但对独创性的追求是否一定要与个人导向的奖励制度联系在一起呢？这涉及奖励与个人财产权之间的关系问题[③]，独创性与个人并非是必然联系在一起，近现代科学奖励之所以把独创性与个人联系在一起，是因为近现代科学诞生在强调个人主义的西方文化当中。在强调集体主义的中国，科学奖励更加侧重于集体。在大科学时代，政府倾向淡化个人在科学发现中的作用，通过增加设立集体奖来促进科学家之间的协作。第三，设立基

① 单巍，朱葆伟．后学院科学中的信任问题 [J]. 科学学研究，2013, 31(10): 1465–1471.

② 张煌，杨仕健，傅中力．科学社会中师徒关系的异化研究——兼论大科学时代师徒关系的重建 [J]. 自然辩证法通讯，2015, 37(4): 104–110.

③ 李正风，张改珍．科学奖励中的个人与集体——以青蒿素获奖引发争论事件为例 [J]. 科学学研究，2015, 33(6): 810–814.

金，促进科学家之间的知识交流和情感交流。在小科学时代，科学家的精神气质认为应该约束科学家个体情感和彼此之前的情感信任，强调质疑和知识的真理属性；但是后现代社会和大科学时代，知识的普遍真理遭到解构，科学家在知识生产中的社会因素得到凸显，促进科学家之间的情感交流和知识交流成为科学家彼此之间良好合作的重要前提。

2. 政府组织和协调科学知识生产中的资源配置

科学知识生产同其他社会生产活动一样，需要一定的资源。在小科学时代，科学知识生产主要是个人的事情，需要的仪器相对简单和便宜，研究者个人能够寻找到满足自己研究的资源。然而，进入大科学时代，国家用于科学硬件、科学人力物力上的支出使得科学成为国民经济的主要支出之一[①]，科学知识生产所需要的巨大人力和物力资源超出了个体科学家的掌控，“政府作为科学知识生产的主要投资者，与科学共同体作为科学知识生产的执行者之间的‘二元分立’结构逐渐发生着变化，科学与政府之间的界限也变得不再是严格分明的”[②]，政府成为科学知识生产中资源的主要组织者和协调者。大科学项目需要占用大量的社会资源，政府必须根据大科学项目占用的社会资源情况而进行相应指导、组织和协调。中国在制造原子弹过程中占用了大量社会资源而导致了社会资源系统出现不平衡，政府必须使该研究项目在整个资源系统张力过度之前尽早结束，以尽快实现资源释放，使整个资源系统重归稳定，为此政府尽量尽快满足原子弹研究所需要的资源，包括让在苏联和东欧的中国留学生改学原子能专业等，从而使得原子弹研制及时成功；而在载人航天项目中，虽然也占用了社会资源，但是并没有如原子弹项目一样在短期内大比例占用社会资源，政府在分解载人航天工程任务的基础上，结合不同任务阶段所需和资源系统的承载能力，步步为营，逐步实现。[③] 目前中国是否建造超级对撞机的争论焦

① Price D J. Little Science, Big Science[M]. Columbia: Columbia University Press, 1965: 2.

② 李正风．科学知识生产方式及其演变 [M]. 北京：清华大学出版社，2006: 212.

③ 聂继凯，危怀安．大科学工程的实现路径研究——基于原子弹制造工程和载人航天工程的案例剖析 [J]. 科学学与科学技术管理，2015, 36(9): 3−10.

点之一，是建造它带来的人均负担是否过重，即是对社会资源的占用问题。政府必须根据国家和科学研究需要，组织和协调大科学研究中的资源配置情况，保证科学研究和社会发展稳定运行。大科学时代的科学知识生产场所从以大学为中心走向大学、企业、政府等多元化场所共存，大学、公共研究机构、产业部门、社会团体都成为知识生产主体的一部分，彼此之间的知识交流（尤其是隐性知识交流）和合作成为科学知识生产的重要环节。各个单位由于观念和利益的不同，出发点和诉求也不同，不同单位追求自身利益最大化的总和可能有损整体利益的最优化、造成零和博弈，需要政府组织、协调和引导各个单位之间的联系和知识交流与整合，使各单位科学知识生产的动机和目的趋同，资源合理流动和共享，促使整体利益达到最大化。

3. 政府参与和维持科学知识生产中的秩序建构

古希腊的社会秩序是由自然法则所决定的，中世纪的社会秩序是由神学理论所决定的，文艺复兴以来，人的理性成为社会秩序的核心，近代科学和资产阶级社会都是推翻旧秩序和弘扬理性的代表，二者互相支持、共同发展。近代科学知识生产方式符合资产阶级对新生活方式建构的需要，从而获得了政府给予的自治的权利，通过自愿形成的社会规范和认知规范进行自我秩序建构和管理。然而，随着科学对宗教、哲学等其他学科的胜利、给社会带来物质财富的增加、社会地位的升高，科学研究领域不仅在自然领域中逐渐扩大，而且渗入到社会和人文领域，开始挑战既有的社会秩序，重构新的社会秩序。在伦理秩序中，生物科学技术的发展使科学家破解了基因密码，具备了修饰基因、干预生殖过程和创造生命的能力，开始扮演上帝的角色，传统社会伦理认为的生命的起点、死亡的终点、人性、尊严，受到了挑战；人工辅助生殖技术打破传统家庭的构成，传统的父母、孩子等家庭观念在科学知识的新进展面前必须得到重新审视，社会对婴儿出生的合法途径和家庭构成的合法形态的观念在科学知识的冲击下，被迫进行着新的尝试和调整。在社会经济秩序中，越来越多的商品生产部门只有以科学知识为基础才能进行生产和保持竞争力[①]，传统市场竞争和经济秩序的环境受到冲击；大学和研究所成为产业创新和经济增长的推动者和经济活动场所，科学研究领域的扩大重塑着经济法律和规则。在政治秩序中，随着科学知识在公共决策判断中发挥的作用日益增强，一些科学家开始进入政治领域，积极解决政治问题，政治问题的解决反过来有利于他们对科学研究资源的获取，增强了他们的科学知识生产的能力和效率，同时，他们承诺可以借助于科学知识化解社会矛盾、促进社会平等和和谐，为成为政治精英铺平道路，科学知识生产正在影响政治秩序的重构。“科学家在知识生产活动中融合了多种身份特征”[②]，在默默重塑着伦理、经济和政治等社会秩序。科学知识成为影响社会发展和公平的公共资源，科学知识生产成为一种公共事务，政府需要且已经开始成为科学知识生产秩序建构的参与者和维持者。在大科学项目中，政府的作用更加突出。

大科学项目往往具有跨学科性，需要协调不同学科不同机构多方面的资源进行协作，其组织和管理较为复杂，需要具有专业组织管理能力的专家进行秩序的建构和维持，政府具有的公共治理能力的优势在这里得到需要和发挥。在小科学时代，科学知识生产主要是一种个体业余爱好，科学知识主要是一种个体资源，对公共事务影响不大，因此科学家之间是否达成共识，或者经过多长时间达成共识都可以；但是在大科学项目和知识社会中，科学知识生产具有明确的目标导向和社会需求，需要来自不同学科不同地区、不同背景的科学家之间进行合作，科学知识生产是群体科学家的事情，科学知识成为一种社会公共资源，就必须遵循规则和达成共识。如果没有规则或者不遵循规则，科学家之间就不会承认对方的理论，因此

---

① Etzkowitz H, Webster A. Science as intellectual property[M]//Jasanoff S, Markle G E, Petersen J C, et al. Handbook of Science and Technology Studies. Rev. ed. Thousand Oaks: Sage Publications, 1995: 480–505.

② 丁大尉，胡志强，王衍行. 网络信息共享与当代科学知识生产的新特征——基于对 arXiv 知识共享模式的分析 [J]. 科学学研究，2014, 32(4): 486–492.

对科学知识的协商就是对科学知识生产规则的协商。① 由于科学知识生产需要大规模公共资金的资助且科学知识成为社会发展的关键公共资源，大科学时代的科学知识生产规则必须遵循社会公共规则。政府作为社会公共规则和公共事务的主要参与者和维持者，在科学知识生产秩序中发挥着重要作用。

三、政府领导科学知识生产的集中表现：国家实验室

国家实验室的起源与大科学密切相关，二战期间，美国为了制造原子弹，“建造了一系列核反应堆和大型加速器等大科学装置”，“二战后，为了使这些大科学装置继续发挥效用，美国组建了国家实验室”。②随着国家实验室在科学知识生产、实现国家目标、促进社会发展中作用的凸显，国家实验室逐渐成为提升国家竞争力的驱动力之一和世界各国科学知识生产的重要场所之一，中国进入21世纪后，对国家实验室建设和运营进行积极探索和实践。由于国家实验室的科学知识生产围绕国家目标进行，其研究具有基础性、前沿性和战略性，事关经济发展、社会建设和国家安全，成为政府在科学知识生产中发挥作用的重要平台。

国家实验室在孕育阶段即被纳入政府视野，具有国家战略计划性和明确的目标，以满足国家重大战略需求③，使得政府能够推动科学知识生产围绕国家目标进行。中国北京分子科学国家实验室的总体发展目标是，“面向分子科学国际前沿，瞄准可持续发展和国家重大战略需求，汇聚最具创新活力的分子科学研究的优秀人才，制定分子科学国家发展战略，建设高水平的分子科学前沿交叉研究平台，探索有利于创新、合作和重大成果产出的新机制，成为我国分子科学研究重大成果的发源地，成为国际一流的

① Bonilla J P Z. Scientific inference and the pursuit of fame: a contractarian approach[J]. Philosophy of Science, 2002, 69(2): 300−323.

② 黄振羽，丁云龙. 激励结构冲突、历史机遇与制度变革——美国依托大学建立国家实验室的启示[J]. 科技进步与对策，2015, 32(2): 30−34.

③ 聂继凯，危怀安. 国家实验室建设过程及关键因子作用机理研究——以美国能源部17所国家实验室为例[J]. 科学学与科学技术管理，2015, 36(10): 50−58.

分子科学研究中心，并促进我国由‘化学大国’成为‘化学强国’”。[①] 从这里可以看到中国分子科学国家实验室的目标是服务于可持续发展和国家发展战略，促进由化学大国转向化学强国；同时促成高水平、跨学科的分子科学共同体的形成。政府通过分子科学国家实验室，一方面整合和引导学科发展，另一方面能够吸引优秀科学家，促进科学共同体的形成和发展、培养年轻的优秀科研人员，从而推动和协调科学知识生产。美国也是如此，美国能源部科学办公室下辖的 10 个国家实验室未来十年发展战略的首要目标是立足实验室的优势和基础，强化服务美国国家战略目标。[②] 由于国家实验室具有雄厚的学科基础和强大的科研能力，被政府纳入国家创新体系之中，成为其重要组成部分。

国家实验室是科学知识生产的主要阵地之一，在科学知识生产中具有引领作用，因此在筹备之初就开始整合汇聚跨学科的多方面资源，在运行过程中实行资源共享，最大程度地组织和协调资源用于科学知识生产。中国北京分子科学国家实验室 2003 年在四个国家重点实验室、八个部门重点实验室和两个国家大型科学仪器中心基础上整合组建，聚焦在六个研究方向，设立了九个研究部。[③] 国家实验室建设是在已有比较成熟的研究基础之上整合资源而成，凝练研究方向，凝聚研究力量，引导国家科学知识生产。国家实验室实行资源共享制度，推动设备等资源共享，加深科研工作者之间的合作，比如美国“劳伦斯伯克利实验室的‘先进光源’、回旋加速器，洛斯阿拉莫斯实验室的中子散射设备，利弗莫尔实验室的兆焦激光系统，阿贡实验室的先进光子源、强脉冲中子源、直线加速器、电子显微镜等，这些设备在全球范围内具有领先性，可以对外开放”[④]，美国国内

① 韩彦丽．国家实验室的建设和未来发展的思考——依托北京分子科学国家实验室的启示 [J]. 科研管理，2016, 37(S1): 668-672.

② 扎西达娃，丁思嘉，朱军文．美国能源部国家实验室未来十年战略要点启示 [J]. 实验室研究与探索，2014, 33(10): 234-238.

③ 韩彦丽．国家实验室的建设和未来发展的思考——依托北京分子科学国家实验室的启示 [J]. 科研管理，2016, 37(S1): 668-672.

④ 卢潇．美国研究型大学国家实验室的科技创新机制 [J]. 大学教育科学，2015(1): 110-115.

外的科技工作者都可以根据程序提出申请在相关国家实验室进行研究。

国家实验室知识生产的良好运行需要管理制度和环境的支撑，科学知识社会学和科学技术学的研究揭示了科学知识生产的社会性、情境依赖性和权利性，因此，国家实验室的管理制度和运行环境深刻影响着内部的科学知识生产秩序。与此同时，国家实验室已经成为国家“战略科技力量布局中最重要的一个环节”，比如美国国家实验室系统“既保证国家在国防、健康等方面重点宗旨的实施，也协调、平衡了全国科技研发、教育、创新体制”①，在社会秩序演变和建构中发挥着关键作用，这就意味着政府通过对国家实验室的影响而干预着科学知识生产秩序和社会秩序的建构。

第四节　科学共同体面临的危机

真理，是科学和科学共同体所标榜的目标，似乎也是科学和科学共同体享受崇高地位的原因。然而，事实并非如此。科学并不是人类惯常的思维方式——它是非自然的、反直觉的，往往与常识相对立。眼睛看到太阳东升西落，科学却告诉我们，地球围绕太阳运动。常识是人们在感官层面、凭借长期日常经验得到的知识；科学常常是在宏观和微观层面、凭借抽象推理得到的知识。当研究问题的角度从感官层面，扩展到宏观和微观层面，研究结论往往发生变化。政府和公众对科学共同体感兴趣，主要是源于科学深化了人们对世界的认知、提高了对资源的发现速度和利用效率、增加了生活的便利和幸福感。当科学负面效果出现且持续得不到解决、日益显著时，科学知识就得不到信任，比如，在转基因作物的安全性问题上，“科学家在转基因传播所体现的知识强势，既没有在社会学意义上转换成媒体的主流话语，也不可能在心理学意义上成为人类认知机制的

① 王作跃．科技革命与国家现代化：美国卷 [M]. 济南：山东教育出版社，2018.

主导因素"[①]。科学陷入危机当中，科学共同体也不可避免地面临着信任危机和合法性危机。

一、科学理性危机

"科学理性由逻辑、数学和实验三大要素组成"[②]，它的诞生与17世纪的政治形势密切相关。当时欧洲处于宗教战争当中，对于笛卡儿、莱布尼茨、牛顿等17世纪在信仰上虔诚的科学家和哲学家来说，宗教战争在很大程度上源于宗教信仰的分歧[③]，建构一种能够解决信仰和知识分歧、生产确定性和普遍性知识的方法，是亟待解决的任务。与感性经验和修辞学相比，逻辑和数学呈现出推理的严谨性和普遍性，实验程序呈现出中立性和客观性，二者的结合诞生的科学理性，生产出的科学知识在改变物质条件方面取得了前所未有的成功，科学理性从而成为社会思潮的主流。然而，到了20世纪，科学知识在造福人类的同时，给生态环境带来了破坏、挑战了人类传统伦理观念。科学理性，作为科学知识正确性的保证，受到了质疑。与此同时，感性和日常经验受到了越来越多的重视，社区居民、农民、患者等公众的日常知识在相关问题解决中显示出了有效性和正确性，在相关科学知识生产中开始发挥作用。公众的日常经验既包括对物理世界和客观事物的经验，也包括对社会事务、人造物和文化产物的内在感知，这些都是公众做出判断的依据。[④]公众的感知和日常经验是模糊的和不连贯的，但是是与生活方式和环境紧密相连的。相比之下，逻辑和数学被认为对于事物进行了过渡抽象、脱离了具体应用情境，而且其诞生也是具有社会学因素、而不是先验真理；实验被认为对研究对象进行了简化和修辞

① 贾鹤鹏，范敬群．知识与价值的博弈——公众质疑转基因的社会学与心理学因素分析 [J]．自然辩证法通讯，2016, 38(2): 7-13.

② 董光璧．科学理性的局限与反科学，伪科学和科学终结论 [J]．自然辩证法研究，1998, 14(2): 58-59.

③ 郝苑，孟建伟．回归平衡的理性——图尔明对科学合理性危机的诊治 [J]．科学技术与辩证法，2008, 25(6): 21-25.

④ Schutz A. The Phenomenology of the Social World[M]. Trans. Walsh G. Chicago: Northwestern University Press, 1967: 81.

处理，实验室是一种人工建造物，实验不是面向自然，而是脱离了自然。因此，科学理性具有不完整性。

比如，在苏联切尔诺贝利核电站事故发生之后，英国坎布里亚区的土壤受到了污染，科学家认为核电站事件遗留的沉积物被土壤吸收之后，不会再扩散，会随着雨水冲刷三个星期内消失；但是，污染并没有消失。最终的调查结论发现，科学家的假设是基于土壤是碱性黏土的假定做出的，而坎布里亚地区并不是这种土壤。这说明了科学假说的抽象性和脱离实际性。欧洲疯牛病事件的经过更加能够说明，公众从对科学理性信任到质疑的过程。在 1982 年英国出现第一例疯牛病时，当时的欧共体委员会认为“该病不会对人类构成威胁”；在 20 世纪 80 年代末和 90 年代，疯牛病大规模爆发时，英国公众持续认为疯牛病会对人体健康造成危害时，英国政府否定公众的观点，欧共体仍然支持英国政府的观点，“只是禁止销售病牛肉，而不是所有英国牛肉”；1996 年，疯牛病在欧盟全面爆发，欧盟委员会“下令禁止英国牛肉出口到任何国家，并且要求在英国全部销毁被确认的病牛”。[①] 疯牛病事件，表现了科学评估和解决问题的不足。在核电站辐射性、化工厂安全性、疯牛病危机、转基因作物安全性等一系列问题上，科学表现并不能令公众满意，甚至让公众恐慌和失望，科学理性受到了越来越多的挑战。

二、科学共同体的信任危机

科学共同体曾经不关注资本和政府，只追求客观的科学知识生产。现代科学共同体与资本、政府的关系日益密切，被认为是一种利益共同体，出现了信任危机。

第一，科学共同体对资本的需要，导致的信任危机。今天，几乎看不到某件事情和行为与科学知识无关，科学研究领域在微观和宏观上对自然

① 胡加祥．欧盟转基因食品管制机制的历史演进与现实分析——以美国为比较对象 [J]. 比较法研究，2015(5): 140−148.

界研究持续扩展，在日常生活中渗透到方方面面；科学研究规模持续扩大，国家层面和全球层面的科学家合作研究日益增多，科研仪器日益复杂和精密，对资本的需要成为科学研究的必需条件；同时，由于科学所追求的崇高目标和享有的崇高荣誉，科学共同体的人数在20世纪迅速增加，这一切使得科学研究所需要的经费增长速度超过了国家对科研经费资助的增长速度，科学共同体对经费的竞争成为一种现实。科学发现的典型情境，不再是手拿试管的科学家；而是有着明确分工、类似于工厂的大实验室。科学家的典型形象，不再是整天埋头在实验仪器当中；而是在会议、饭桌、媒体等各交际场合，像商人一样争取资金。这种发展趋势是科学发展的正常趋势，资本对科学加大投入促进了科学的快速发展，科学共同体对资本的竞争有利于经费得到更加合理和高效的使用。然而，正是与资本的紧密联系，使得人们关注科学家是否为了私利而影响了诚实。令人遗憾的是，科学共同体不仅没有消除人们的疑虑，反而增强了人们的不信任感。篡改和伪造实验数据、论文内容抄袭、虚假同行评审、侵吞科研经费等，韩国黄禹锡事件、日本小保方晴子事件、中国汉芯事件等，越来越多的学术不端和造假行为，见诸报端，成为公众讨论和关注的热点。虽然这只是少数科学家的行为，但是影响到整个科学共同体在人们心中的形象，所有的科学家的行为都成为质疑的对象。

第二，科学共同体与政府的互相需要，导致的科学共同体信任危机。科学家赢得公众信任的一个重要原因是，不关心政治、与政府保持距离，以一种无私利的形象，建构了公众代言人的身份。政治往往被认为是对利益的追求，即使是对公正和正义的追求，也离不开对利益的考虑。[①]二战之后，科学共同体和政府之间出现了日益紧密的关系。一方面，科学共同体与政府相互对立。自从英国皇家学会1662年获得了英国国王的特许状成为自治团体[②]后，多国的科学共同体都保持了自治的权力，当代科学共

① Guston D H. Between Politics and Science: Assuring the Integrity and Productivity of Research[M]. New York: Cambridge University Press, 2000: xv.

② 姚远. 近代早期英国皇家学会社团法人的兴起(1660−1669)[D]. 长春：吉林大学，2008: 29.

同体仍然希望像传统一样，保持最大程度的自治，甚至完全自治；政府希望科学研究能够为国家目标服务，服从政府安排。二者的权力博弈一直在持续，20 世纪 30 年代“英国科学家贝尔纳和哲学家波兰尼之间的争论”、40 年代“美国政府官员布什和国会议员基尔格的争论”、90 年代美国国会和科学家之间的争论[①]，都是二者对立的表现。另一方面，科学共同体与政府相互需要。科学共同体需要政府进行资金支持，并且在大科学装置建设和跨地区跨国家合作中发挥作用；政府需要科学共同体在公共决策中能够给出科学依据，增加决策的合理性和可信性。

从科学共同体和政府的视角看，双方都更加侧重彼此之间的合作共赢，政府越来越支持科学发展，科学家日益增多地参与到公共决策中。但是从公众的视角看，更加侧重科学共同体和政府之间可能以牺牲公众的利益为代价，形成某种利益共识。在一定程度上，科学家与政府的一些行为确实容易被怀疑为阴谋。在气候变化问题上，2009 年 11 月，多位世界著名气候学家的邮箱被黑客入侵，邮件表明一些科学家在篡改和操纵数据，该事件发生在哥本哈根会议前夕，被普遍认为与会议谈判有关。IPCC 是当今国际气候变化谈判的科学基础，但是，“IPCC 代表的所谓气候科学共识实际上是科学因素和政治因素之间、甚至是政治因素之间斗争、平衡或妥协的结果”[②]。展现在公众面前的，是科学因素和政治因素相互纠缠的结果，而且呈现出更多的是利益争夺，这就很容易导致公众对科学家的不信任。在邻避抗争（指地方民众由于担心邻避设施对于他们及其居住社区的环境质量、财产价值和社会地位等带来的诸多负面影响而进行的剧烈的、排斥性的有时是情绪激动的反对行为）运动中，政府举行的听证会，有些时候实质上并不是为了听取公众意见，而是为了压制公众意见，“科学家与美国环境保护署、美国疾病防控中心一起遏制当地民众集体行动的

① 尚智丛，卢庆华．科学的“计划”与“自由”发展：争论及其影响 [J]. 自然辩证法研究，2007, 23(4): 64−66.

② 戴建平．气候科学共识的起源与本质 [J]. 清华大学学报（哲学社会科学版），2014, 29(1): 140−150.

办法就是‘毒性谈话’（toxic talk），即在听证会上遏制讨论、抑制公众诉求。……那些愤怒的、进行抗议的居民被官员们视为情绪激动的民众”①，公众的意见被认为是错误的、非理性的，或者被文件中模棱两可的语言所欺骗。公众往往最终发现，自己的利益诉求并没有得到满足，对科学共同体产生不信任感。

本章简要地梳理了科学家一词和科学共同体的起源，分析了当代科学共同体中出现分歧的多种原因，研究了政府在科学知识生产中进行干预的原因和所发挥的作用，发现科学理性和科学共同体面临着信任危机，前者使科学职业需要重新得到辩护，后者使科学共同体的社会规范和制度设计需要得到重新调整和辩护，这两者的结合进一步导致了科学共同体的合法性危机。科学共同体必须在新的社会环境中，发掘之前科学知识生产中的有效因素，探索新的社会角色和生存策略。这是第五章和第六章讨论的主题。

① 崔晶．从“后院”抗争到“公众参与”——对城市化进程中邻避抗争研究的反思 [J]. 武汉大学学报 (哲学社会科学版), 2015, 68(5): 28-35.

第五章

科学共同体的共识达成

科学共同体的共识，在广义上是指，科学共同体成员之间，以及科学共同体与社会其他共同体之间，关于科学知识、科学活动、科学精神气质、科学影响等问题达成的一定程度上的共同认识。由于科学知识是科学共同体生存和发展所依赖的工具，科学共同体在应对外部危机的进程中，首先需要在内部达成关于科学知识共识。因此，本章研究的是狭义上的科学共同体的共识，即科学共同体成员之间，主要关于科学知识观点和形成过程，达成的一定程度上的共同认识。

第一节　科学共同体共识的备受关注

对科学共同体共识的关注，源于科学观的转变。传统科学观认为，科学知识是得到证明的真信念，它由科学概念组成的单个科学命题组合而成，其正确性是由客观的科学观察和遵循严格程序的科学实验所保证的。个体科学家的良知保证了科学观察和科学实验的中立性，由此诞生的科学知识是客观的，最终会得到其他科学家的检验和科学共同体的承认。20

世纪，随着观察渗透理论和科学史研究的进展，科学观察和科学实验的中立性和累积的科学观受到了持续的质疑，科学概念和科学命题被认为从属于作为整体的科学理论，比如，牛顿关于质量的概念之所以比民主的概念更精确，不是因为前者更符合经验，而是因为它存在于一种更精确的理论结构中[①]。个体科学家的良知无法再解释科学知识的发现和进步，科学共同体的共识成为科学哲学和科学社会学的关注焦点。库恩引入了对科学共同体共识的关注，随后科学哲学和科学社会学对科学共同体共识中的理性因素和社会学因素进行了研究和持续的争论，基彻尔对科学共同体共识实践进行了研究。

一、范式

库恩在教授科学史课程和研究科学史时，发现科学教科书对科学形象和科学史的描绘并不符合科学发展的真正历史。教科书中建构的科学是不断累积发展的科学史形象，但是事实上，科学史是由常规科学和科学革命时期构成。在常规科学时期，特定的科学共同体成员拥有一个范式，指导科学的发展，它“空前地吸引一批坚定的拥护者，使他们脱离科学活动的其他竞争模式”，同时“又足以无限制地为重新组成的一批实践者留下有待解决的种种问题”，它是某个科学共同体在一段时期内公认的进一步实践的基础[②]；在科学革命时期，科学解决问题的能力受到质疑、出现了危机，科学共同体成员中不存在统一的范式，不同的学派相互竞争。换句话说，科学知识蕴含着其生产环境特征[③]，科学史就是科学共同体范式演变的历史，理解范式成为理解科学发展的关键因素。

“范式”（paradigm）一词源于古希腊语，15 世纪进入英语词汇，迪昂

① Chalmers A F. What is This Thing Called Science? [M]. 3rd ed. Indianapolis: Hackett Publishing Company, Inc., 1999: 105.

② 库恩 . 科学革命的结构 [M]. 金吾伦 , 胡新和译 . 北京 : 北京大学出版社 , 2003: 9.

③ Callon M. Four models for the dynamics of science[M]//Jasanoff S, Markle G E, Petersen J C, et al. Handbook of Science and Technology Studies. Rev. ed. Thousand Oaks: Sage Publications, 1995: 29–63.

和马赫在19世纪末至20世纪初在科学哲学意义上使用了范式一词的同义词或近义词，指典范、范例、模型；默顿和维纳（Philip P. Wiener）在20世纪上半叶在科学哲学和科学社会学意义上直接使用了范式一词，有范例、基础成就、方法的含义；库恩“赋予它以新颖的、丰富的含义，以此描绘和解释科学发展、科学革命以及科学共同体的生活形式”。①从此，范式不仅成为科学哲学、科学史、科学社会学界、甚至学术界的重要概念，而且成为政治界、经济界、文学艺术界的流行词语。②

据统计，库恩在《科学革命的结构》一书中，对范式概念的论述，不少于21种含义，从抽象到具体的角度，可以分为三层：第一层含义是形而上学范式或者元范式，指特定科学共同体成员所具有的一组信念、形而上学猜测、看问题的框架、指导观察的组织原则，总的来说，指的是形而上学观念或实体；第二层含义是社会学范式，指特定科学共同体成员公认的科学成就，对后续研究具有司法判决作用；第三层含义是人工范式（artefact paradigm）或构造范式（construct paradigm），指教科书中的和经典的科学成就，对后续研究具有启发性和类比的作用。③从整体和部分角度，范式的含义可以分为两层：一层是代表着特定科学共同体成员“所共有的信念、价值、技术等等构成的整体”；另一层是“指谓着那个整体的一种元素，即具体的谜题解答；把它们当作模型和范例，可以取代明确的规则以作为常规科学中其他谜题解答的基础”。④那么，范式与科学共同体形成是什么关系呢？库恩认为，“一个范式就是一个科学共同体的成员所共有的东西。而反过来，一个科学共同体由共有一个范式的人组成”。从中可以看到，一个范式与一个科学共同体是相互塑造的关系，一个范式

① 李醒民．库恩在科学哲学中首次使用了“范式”（paradigm）术语吗?[J]. 自然辩证法通讯，2005, 27(4): 105–107.

② 野家启一．库恩：范式[M]. 毕小辉译．石家庄：河北教育出版社，2001: 4–5.

③ Masterman M. The nature of a paradigm[M]//Lakatos I, Musgrave A. Criticism and the Growth of Knowledge: Proceedings of the International Colloquium in the Philosophy of Science, London, 1965, volume 4. London: Cambridge University Press, 1970: 59–90.

④ 库恩．科学革命的结构[M]. 金吾伦，胡新和译．北京：北京大学出版社，2003: 157.

就是一个科学共同体成员间的共识，它既包括形而上学、科学观念上的共识，也包括科学方法、科学原则和具体科学成就上的共识。

在常规科学时期，范式支配科学共同体的成员进行研究[①]，科学共同体的成员之间在科学观念、科学方法和已有科学成就等方面存在共识，通过不断解谜实现科学知识的累积和进步的共识。但是，这种常规科学时期的累积和进步，是在已有的标准指导下“稳定地扩展科学知识的广度和精度”，是在没有出现“事实和理论的基本新颖性”[②]情况下的共识。如果科学研究中出现了当前范式（理论、仪器、实验程序等）所没有预见的新现象，而这种新现象无法用当前范式解释且与当前范式相冲突，那么这个新现象就成为反常，可能在科学共同体成员之间引起争议和分歧；如果反常不断增多，科学共同体成员间的争议和分歧就随之不断扩大，当前范式受到大规模的破坏、无法继续指导解谜活动、处于危机状态之中，日益增多的个体科学家不再遵守和相信当前范式，日益增多的范式开始出现和相互竞争，科学发展处于革命状态。科学共同体成员间的共识越来越少，最终发展到在核心观念和程序上出现日益扩大的分歧，以致这些成员不能再在之前范式和之前共识下被称为一个科学共同体。

科学家开始在不同的范式之间进行选择，期望找到一个共同的范式，达成共识，继续进行常规科学研究。但是，相信不同范式的科学家，就好像生活在不相容社会生活方式之间的人一样，他们的概念网络、感官经验和世界观都是不同的，看到的科学成就和世界图景是不同的，对现象的理解和解释是不同的，必须求助于常规科学之外的价值标准才能消除分析、达成共识、形成新范式。一些少数科学家出于不同的理由接受新范式，比如个人的信仰、经历、性格，创新者的国籍或者导师，新范式的简单性或者美感，等等。这些少数科学家不理会新范式的缺点和其他竞争范式的优点，成为新范式的坚定支持者。在新范式的发展过程中，其解谜能力和预

① 库恩 . 科学革命的结构 [M]. 金吾伦，胡新和译 . 北京：北京大学出版社，2003: 161.
② 库恩 . 科学革命的结构 [M]. 金吾伦，胡新和译 . 北京：北京大学出版社，2003: 48.

见能力也会不断增强，同时也会受到持续质疑，但是，又有新的科学家由于不同的理由而加入到新范式当中。每一段时间都会有些人改宗，直到最后抗拒者妥协以后，整个专业又会在一个单一的新范式内工作[①]，科学革命完成，特定的一群科学家达成共识和形成科学共同体，进入新的常规科学时期。

库恩通过科学史的研究，在对科学史和科学知识形象的理解上，把对科学知识实证性和累积性的关注，转向对科学共同体共识的关注。但是，库恩关注的重点是科学共同体共识对科学知识进步的重要意义。他认为，常规科学时期，科学共同体的共识保证了科学知识的累积进步；科学革命时期，科学家由于种种理由形成新的科学共同体、达成新的共识，保证科学知识在新的范式下进行累积进步；科学革命前后不同的范式之间，虽然不可通约，但是仍然是可比较的和进步的，科学知识的真理性和合理性仍然存在[②]。在科学共同体共识的形成上，库恩虽然认为，在范式选择中就像在政治革命中一样，不存在超越相关共同体成员间的共识的标准，问题的解决依赖于大家意见的一致。这样一来，为了知道科学革命是如何实现的，我们不但要考察自然现象和逻辑的推动和影响，也要研究那些在各个特殊的科学家共同体中有效的说服论辩技巧[③]，但是对于具体的说服论辩技巧，没有进行阐述。库恩似乎认为，一个特定科学共同体成员对新范式的最初共识，源于个人非理性因素；后来的共识起源于范式解谜能力；从个人非理性因素原因到范式解谜能力是一个持续过渡的过程，二者之间不存在截然分明的界限。

二、科学共同体共识中的因素

库恩对范式的研究在科学哲学和科学社会学界产生了重要影响，前者

① 库恩．科学革命的结构 [M]. 金吾伦，胡新和译．北京：北京大学出版社，2003: 137.

② Kuhn T S. The Road Since Structure: Philosophical Essays, 1970–1993, with An Autobiographical Interview[M]. Chicago: The University of Chicago Press, 2000: 91.

③ 库恩．科学革命的结构 [M]. 金吾伦，胡新和译．北京：北京大学出版社，2003: 87.

主要指促使科学哲学从对个体科学理论的关注转向对作为整体结构的科学理论的关注，后者主要指促使科学社会学从科学建制的关注转向对科学知识的关注。具体到科学共同体共识而言，前者试图证明科学共同体共识达成的核心因素是科学理性，后者认为科学共同体共识达成的主要原因在于社会学因素。

在科学哲学研究中，研究纲领、研究传统和贝叶斯定理是其中的主要代表。拉卡托斯（Imre Lakatos）反对库恩的相对主义，是波普尔（Karl R. Popper）开创的证伪主义（falsificationism）的追随者，认为科学知识进步的主要机制在于证伪，真正的科学理论都是可证伪的，一个科学理论的可证伪度越高，它就越好。但是，拉卡托斯受库恩的影响，认为不应该对单个科学理论进行研究，应该把科学理论看作是一个发展的结构，这个结构可以叫作“研究纲领”（research program），一个科学理论并不能被经验淘汰，只能被另一个科学理论淘汰。拉卡托斯把波普尔关于经验对单个科学理论的证伪，转向理论之间的证伪；科学共同体成员在理论上的共识达成，成为科学理论进步的核心因素。判断研究纲领是进步的还是退步的，依据是该研究纲领中的理论是否成功地进行了经验预见，如果理论增长超出了经验增长，那么研究纲领就是进步的，否则就是退步的。在拉卡托斯看来，科学共同体达成共识的核心因素仍然是经验对理论的验证。劳丹（Larry Laudan）提出了研究传统（research traditions）的概念，试图在库恩和拉卡托斯之间找到一条中间路线，“因为前者认为在占支配地位的范式统治下面寻找另一种范式总是不合理的，而后者认为对任何纲领的追求，哪怕这种纲领是退步的，也始终是合理的”。[①] 劳丹认为科学理论的目的不是发现真理，而是解决问题，具有相同形而上学和方法论规定的一系列科学理论成为一个研究传统，在一段时期内解决问题效力更大的研究传统比其他研究传统更值得追求。在劳丹看来，科学共同体共识达成的核心因素是理论解决问题的效力。需要注意的是，无论是研究纲领，还是研

① 舒炜光，邱仁宗．当代西方科学哲学述评 [M]. 2 版．北京：中国人民大学出版社，2007: 214.

究传统，其中都存在形而上学因素。拉卡托斯和劳丹，与库恩一样，都认为科学共同体共识中存在形而上学因素；与库恩不同的是，没有讨论形而上学因素在科学共同体共识达成中的作用，而是强调了共识达成中的理性因素：经验对理论的验证和理论解决问题的效力。贝叶斯主义者更进一步，试图完全排除科学共同体共识达成中的形而上学因素，用贝叶斯定理（Bayes theorem）来为科学的合理性辩护，用科学的证据来赋予科学理论概率，不断新发现的证据会调整科学理论的概率，科学证据，即科学理性，是科学共同体共识达成的核心因素。

在科学社会学研究中，强纲领、有限论和实验者回归是其中的主要代表。成立于爱丁堡大学的科学研究小组（Science Studies Unit）通过对库恩科学观中相对主义因素进行的激进解读，提出了知识社会学的强纲领（strong programme）和有限论（finitism），形成了爱丁堡学派，后来发展为科学知识社会学。强纲领认为，把对科学知识的认识从它的生产环境中脱离出来是错误的；把科学知识生产中的正确因素归为科学方法、错误因素归为心理和社会，也是错误的；无论是正确的科学知识还是错误的科学知识，其生产过程应该用同样的原因去解释。通过研究科学史中的案例发现，科学知识并不是由科学经验本身所决定的，而是由科学经验和实验者先前的信念所共同决定的[①]。有限论认为，科学知识中术语的含义是开放的，是随着使用环境和使用方式而变化的，“不存在任何现今充分形成了的特性、模式或算法能够使术语未来的正确用法固定化，能够事先把最终能够正确使用的东西从总体中区分出来。在某种意义上，我们永远不会知道我们的许多术语的意思是什么，尽管我们能够便捷而流畅地使用它们，因为我们永远不会知道这些术语将会如何使用”[②]。强纲领和有限论把科学知识的性质从得到辩护的真信念转向了制度化的信念，科学知识成为特定

---

① Bloor D. Knowledge and Social Imagery [M]. 2nd ed. Chicago: University of Chicago Press, 1991: 31–32.

② 巴恩斯，布鲁尔，亨利．科学知识：一种社会学的分析 [M]. 邢冬梅，蔡仲译．南京：南京大学出版社，2004: 67.

科学共同体的一种集体共识，而且强调了共识（即科学知识）中的社会学因素；但是他们是在个体科学家进行科学知识生产层面上研究科学知识的建构，没有研究科学共同体成员之间是如何达成共识的。柯林斯研究了个体科学家如何确证科学实验成功，以及其他科学家对该实验的复制问题，提出了实验者回归，认为实验仪器和实验结果存在着循环依赖关系，只有引入科学实验外部因素才能判断科学实验是否成功；这种外部因素包含着该科学家与其他科学家之间的磋商，该实验成功与否依赖于科学共同体的承认和共识。柯林斯把科学实验成功的标准，从经验观察的验证转向了科学共同体的共识，认为共识中存在着包含偶然因素在内的社会学因素，但是没有讨论个体科学家的观点如何赢得其他科学家的承认，或如何受其他科学家观点的影响而改变。

科学共同体共识达成中，科学理性因素和社会学因素之间关于各自所发挥的作用和所占的地位进行了长期的争论，二者都取得了长足的进展，但是双方都没有取得胜利，争论仍在持续。二者的争论和研究，表明了科学共同体共识达成中，二者是共存的，不应该只关注一方而忽略另一方，应该同时关注二者，给予正确的评价。柯林斯和埃文斯（Robert Evans）关于公共领域中专业知识共识达成的研究，提供了一个良好的例子。专业知识的形成过程，在经历了只强调科学理性和科学家的第一波和过于强调公众知识的第二波之后，在21世纪初进入第三波，即强调专长知识和经验（expertise and experience）①，认为，科学家的知识是非常重要的，但是应该得到公众的补充，而公众的范围应该根据知识得到限制。类似的，科学共同体中的共识达成，也应该同时重视科学理性和社会学因素，厘清二者的界限。为此，研究个体科学家之间达成共识的方式成为一个关键问题。

① Collins H, Evans R. Rethinking Expertise[M]. Chicago: The University of Chicago Press, 2007: 143.

三、个体实践和共识实践

与前述研究内容相比，基彻尔明确区分了科学共同体中个体成员行为与共同体行为，把前者称为个体实践（individual practice），把后者称为共识实践（consensus practice），而且强调了前者对后者的影响。个体实践包括个体科学家在科学研究中使用的语言、对该领域中重要问题、陈述和解释文本的接受、对与研究相关的信息源可靠性的判断、对实验和观察的工具和范式的信赖、科学推理和评价相关陈述的标准①；共识实践是个体实践的组成要素，与个体实践的区别在于它对问题重要性的评价是客观的、对问题的重要性进行了排序，具体内容包括使用的语言结构、对重要问题的客观评价、对公正辩护结构的陈述方式、解释提纲、一组典型的实验、观察、工具和辩护原则、方法论范例和原则②。基彻尔认为，科学共同体成员并不是仅仅遵循共识实践，而是试图超越共识实践提出更多的意见，那些地位和声誉高的科学家的意见逐渐被越来越多的其他科学家接受，最终导致共识实践的改变。以往学者对科学进步的研究，注重强调科学共同体成员之间都承认的客观程序和内容，认为这是科学进步的保证；同时竭力消除个体科学家之间的分歧，认为这会促进科学进步。但是，基彻尔强调了个体科学家之间的分歧在科学进步中的作用，认为个体科学家不遵从个体理性（individual reason），即继续从事科学证据已经证明错误的理论研究，符合科学共同体集体理性（collective or community reason），因为它给予被认为是错误的理论获得证明自己的机会。③

基彻尔强调个体科学家实践和行为对共识实践和科学进步的重要性，研究了个体科学家行为之间的互相影响，以及导致共同体共识的改变，表明了个体理性和集体理性的对立和统一，对研究科学共同体共识的达成具

① Kitcher P. The Advancement of Science: Science Without Legend, Objectivity Without Illusions[M]. Oxford: Oxford University Press, 1993: 74.

② Kitcher P. The Advancement of Science: Science Without Legend, Objectivity Without Illusions[M]. Oxford: Oxford University Press, 1993: 87.

③ Kitcher P. The division of cognitive labor[J]. The Journal of Philosophy, 1990, 87(1): 5–22.

有重要意义。但是，仍然没有研究个体科学家之间的影响方式是什么。这或许是因为，基彻尔认为认知劳动分工是科学合理性和进步的保证，不同个体科学家超越共识实践的意见，虽然最初由于个体科学家的地位和声誉不同而受到不同程度和关注和追随，但是最终是由科学经验和科学理性保证了新的共识实践的形成。从库恩到基彻尔，表明了科学共同体共识是解决科学合理性和进步的焦点问题，其中存在科学理性因素和社会学因素，不仅科学共同体共识影响了个体科学家行为，而且后者个体科学家行为也影响了科学共同体共识的达成，是共识达成的最根本原因。下一节内容将会讨论科学共同体共识的具体达成方式。

第二节　科学共同体共识的达成

一、科学家之间的联系

传统上对科学家之间联系的研究主要遵循两种进路，一种是认识论进路，认为科学方法和认识论规范是科学家之间联系的工具，而且这种工具是客观的，科学家之间不需要磋商，只能选择遵从或者不遵从，遵从的科学家进入科学共同体，不遵从的科学家被科学共同体拒绝接纳；另一种进路是科学社会学进路，认为社会规范是科学家之间联系的保证，但是，社会规范是以第一种研究进路为前提的，认为，科学家在遵从认识论规范的同时，也遵从了社会规范。这两种研究进路都强调了科学知识具有独立于科学家的自身发展的逻辑，科学知识生产是一种遵循客观方法的过程，忽视了科学家的主观能动性，科学家是作为一种科学知识进步的工具而存在。科学知识的逻辑和体系得到了充分的研究，而科学家之间的联系长期受到忽视。科学社会学对科学家之间的引证关系、师承关系和同事关系进行了相关研究，但是都是零散的、局部的研究，直到拉图尔行动者网络理论（Actor-Network-Theory，简称 ANT）的提出和研究，才研究了反映出科学家之间联系的普遍规律。

拉图尔最初是爱丁堡学派强纲领的追随者，认同用社会学方法对科学知识进行研究，但是他通过对实验室进行人类学观察后，与强纲领分道扬镳，认为，强纲领把科学知识生产过程看作是一个黑箱，从宏观上分析了社会因素，尤其是利益因素，对这个黑箱的影响，把黑箱的输入因素从传统科学观认为的自然因素转变为自然和社会因素并存，而且强调了社会因素；但是与传统科学观一样，仍然没有打开黑箱、分析里面的具体生产过程。强纲领对科学知识的建构是一种构造性建构，认为不同的因素在特定的条件下，会自动组合成科学知识，重点关注了社会因素在科学知识生产过程中的存在；拉图尔认为研究的重点不应该是社会因素的存在，而是打开黑箱，研究各种因素对科学知识生产的建构过程，他们的作用和构成不是先在的，对科学知识是一种生成性建构[①]，只有关注科学家生产科学知识的过程才能够理解科学知识的建构[②]，因此，研究科学知识生产过程中的行动者及他们之间的网络和关系，成为研究科学知识性质和科学知识生产的关键。为此，拉图尔提出了行动者网络理论（ANT），把对科学知识生产中自然因素和社会因素的关注，转向对科学家和行动者的关注。拉图尔在《实验室生活》第二版中，把副标题从"科学事实的社会建构"改为"科学事实的建构"，正是对上述思想的一种反映。

在 ANT 中，行动者是关键概念，至少需要从以下三个方面对它进行理解。第一，行动者不是驱动的源泉，而是被他所在的网络中与其相连的一系列实体所驱动[③]；当然，他也驱动与他相连的其他行动者。换句话说，行动者是处于网络之中，任何一个行动者都被多个行动者所驱动，也

① 关于社会建构主义中构造性建构和生成性建构的区分，参见：陈佳，陈凡．论建构主义 S & TS 的逻辑进路 [J]. 哲学研究，2016(9): 106–111.

② Latour B, Woolgar S. Laboratory Life: The Construction of Scientific Facts[M]. Princeton: Princeton University Press, 1986: 32.

③ Latour B. Reassembling the Social: An Introduction to Actor-Network-Theory[M]. Oxford: Oxford University Press, 2005: 46.

驱动多个行动者，行动者的驱动力和动力来源都是多重的和不确定的。行动者既是被动的，又是能动的，必须从网络中理解他的行动及其造成的结果。第二，在网络的信息传输和对结果的生产当中，行动者不是中介者（intermediary），而是转义者（mediator）。中介者客观地传递信息，是信息的传输者，这也是传统科学哲学观所追求的；转义者不仅承载一定的信息，而且他承载的信息所表示的含义和发生的作用，会随着时空条件的改变而改变，转义者转换、转译、扭曲和修饰信息[①]，是信息的生成者和建构者。中介者所发挥的作用是简单的，而且很快就被忘记；转义者所发挥的作用是复杂的，而且影响着网络最终建构出的结果。第三，行动者是多样的，不仅包括科学家，而且包括网络中涉及的其他人、实验仪器和程序、非人生物、环境等非人元素。人和非人元素都是行动者，他们共同组成了科学知识生产网络，都是网络中的节点，是平等的身份，在科学知识生产中都既主动、同时也被动地发挥着作用。

拉图尔表明了，科学知识生产过程是一个编织网络的过程，科学家、其他人和非人行动者都是网络中的节点，科学家既发挥主动作用，也受其他行动者的约束和反作用。拉图尔突出了科学家在科学知识生产中的地位，强调了科学家不是被动地记录、传递和组合科学观察和科学实验的信息，而是加工、生成和建构信息，表明了研究科学家之间的关系在科学哲学和科学社会学研究中的重要作用。但是，拉图尔的行动者包含了科学知识生产中能够想到的所有因素，行动者的转义包含了能够想到的行动者对信息的所有作用，使得对科学家行为的研究失去了方向。拉图尔的主要贡献在于坚持了一元本体论[②]（在库恩和爱丁堡学派的理论中，自然和社会仍然是二分的，他们坚持的仍然是二元本体论）和广义对称性原则（the

---

① Latour B. Reassembling the Social: An Introduction to Actor-Network-Theory[M]. Oxford: Oxford University Press, 2005: 39.

② Díaz P G. Object-oriented philosophy and the comprehension of scientific realities[J]. Athenea Digital, 2011, 11(1): 225-238.

principle of symmetry generalized[①]，所有行动者都是平等的，必须同时和平等地关注每一个行动者），这表明了科学家之间的地位是平等的，他们都处于说服和被说服的过程中，其他人和非人因素都是科学家说服他人的工具、也在说服科学家。

二、科学共同体共识的类型

共识，是指特定群体中的成员对某个对象达成了一致意见，是对结果的一种表述。不同情境下，共识的形成基础、达成机制和共识程度不同。它既是一个规范性概念，也是一个描述性概念，前者是指应该如何达成共识、达成什么样的共识；后者是指事实上如何达成共识、达成什么样的共识。在传统科学观下，科学知识被认为是真理和累积进步的，科学共同体的共识被认为是建立在科学证据之上，自然而然形成的稳定的、持久的共识，是一种规范性共识。库恩推翻了科学知识累积观，认为科学共同体的共识是特定学派内部的共识，在共识初期形成时具有形而上学因素，是一种描述性共识；随着共识要素的增多，范式的解谜能力应该成为共识的基础，共识成为一种规范性共识。但是，库恩对科学观的改变也改变了科学共同体规范性共识的基础，科学共同体中的共识成为特定共同体中的共识，它是不稳定的、不持久的。科学知识社会学激进地解读了科学知识生产中的社会学因素，解构了传统的科学观及其基础之上的科学共同体的规范共识，推动了描述性共识的研究。本书中研究的共识主要是指描述性共识，但是由于事实与价值并不是完全二分的，任何对事实的描述都渗透着某种价值的支撑，因此，本书中的共识也渗透着规范性共识。

富勒尔从交流程度和共识达成机制的角度，区分了两种纯粹共识和四种混合共识类型：偶然共识（accidental consensus），实质共识（essential consensus）；临偶然共识（near-accidental consensus），临实质共识（near-

① Latour B. We Have Never Been Modern[M]. Trans. Porter C. Cambridge, MA: Harvard University Press, 1993: 94.

essential consensus），次优实质共识（suboptimal essential consensus），程序迫使共识（procedurally enforced consensus）。[①] 偶然共识是指，某一特定群体中成员之间没有交流，彼此最后得出了相同的结论，他们之间的推断过程可能相同，也可能不同。成员的推断过程如果公布出来，共识很有可能被打破，分歧开始产生。实质共识是指，某一特定群体之间进行了充分的交流，彼此知道推断过程，最后达成了相同的推断过程和结论。临偶然共识是指与偶然共识一样，成员之间没有交流而得出了相同的结论；与偶然共识不同的是，即使成员的推断过程公布出来，且彼此之间不认同，但是并不会打破群体的共识。临实质共识认同实质共识的界定，与实质共识不同的是，群体成员之间对成员范围的界定存在分歧，即一些人认为应该把他们群体的推断过程和结论扩大到另一部分那里。次优实质共识遵循实质共识的界定，但是认识到，实质共识要求群体中的所有成员都完全知道彼此的信息和推断，而这种要求在现实中很难完全达到，并不是任何人的观点都会被别人倾听，只有一些人充分表达了自己的观点且得到了所有人的倾听，其他很多人或者是认同了上述少数人的观点，或者自己没有明确的观点而仅仅保持沉默，最终上述少数人的观点成为群体共同认可的推断和结论。程序迫使共识是指，某一特定群体中，由于所使用的语言的特定，使得所有的陈述都必须被表达和交流成为高度可控的，从而达成共识，比如，一个非常成熟的学科，其语言限制了对世界观的争论。

科学知识的有效性不是来源于共同体偶然的一致结论，而是来自于对生产过程及其内容的一致意见，科学共同体共识的理想类型是指实质共识。但是，实质共识只是一种指导原则，程序迫使共识、临实质共识和次优实质共识是事实的共识类型。程序迫使共识主要指科学共同体中对于形而上学世界观的约束，使得只允许用特定的方式和语言讨论一些内容，同时禁止讨论一些内容；临实质共识是科学共同体共识不断扩大共识范围的过程，正是通过这个过程，科学假说成为科学理论，并得到了越来越多科

① Fuller S. Social Epistemology [M]. 2nd ed. Bloomington: Indiana University Press, 2002: 208–214.

学家的认可；次优实质共识在科学共同体中表现为那些地位和声望高的科学家的意见更容易成为共识的来源。因此，科学共同体共识是一个不断说服和磋商、试图争取更多的成员认同自己的观点，最终达到共同体中主流成员和多数成员共同认识的过程。下一小节讨论科学共同体中的说服策略。

三、科学共同体中的说服策略

“科学的基本原则是，研究的成果必须成为公有的。无论科学家们私下地想什么或说什么，直到他们的发现报告于世并载入永久的记录，才能看作是属于科学知识。”①科学研究成果最初只能是科学假说，只有得到科学共同体的承认，才成为科学知识。虽然有些科学史家认为，有些科学成果是不同科学家、同一时期在不同地方各自独立研究出来的，但是这种观点是部门科学史家所建构出来的，因为发现与发明之间、事实与理论之间的区别是“非常人为”的、对新成果的确认是一个连续的过程，它渗透着对科学观、科学术语和科学理论的认知②。科学共同体共识不是偶然共识，而是实质共识。科学知识是科学家在特定历史环境中人为建构出的新客体，当这个客体建构出来之后，其生产环境就通过修辞和其他手法给抹去了，剩下的客体被描述成中立的客观事实，与其他事实建立成同盟网络（networks of allies），同盟数量的多少影响和决定了新客体能否最终被认为是新事实。③因此，科学知识是个体科学家生产出来之后，不断说服其他科学家承认的过程，其建立网络同盟的说服策略主要有基于期刊论文、公共展示和资源压力三种策略。

第一，基于期刊论文的说服策略。学术期刊伴随着近代科学的诞生而诞生，1665 年，法国议事院和英国皇家学会分别创立了世界上最早的两

① 齐曼．元科学导论 [M]. 刘珺珺，张平，孟建伟译．长沙：湖南人民出版社，1988: 87.

② 库恩．科学革命的结构 [M]. 金吾伦，胡新和译．北京：北京大学出版社，2003: 48-53.

③ Greenhalgh S. Just One Child: Science and Policy in Deng's China[M]. Berkeley: University of California Press, 2008: 15.

本科技学术期刊——《斯卡文思杂志》(*Journal des Scavans*)和《皇家学会哲学会刊》(*Philosophical Transactions of The Royal Society*)[①②]。期刊诞生之前，科学家之间的主要交流方式是书籍和通信[③]；期刊诞生之后，在期刊上发表学术论文成为科学共同体发表研究成果和学术交流的主要途径。很长时间以来，人们一直认为，期刊论文是研究者把客观的研究呈现出来，但是，科学知识社会学和科学修辞学表明，论文文本并不是对实验室研究的客观表达，而是充满着对数据的修饰和表达的转换，“在知识的理解和生产整个过程中，修辞学发挥了使知识具体化的作用”[④]，以达到说服的目的。

实验数据往往被认为是客观性论据，但是，“一个科学家在实验室里从事的操作和测量并不是经验中‘既有的’，而是‘费力地采集的’”，科学家并不是进行对所有的对象进行观察、进行所有可能的实验，而是在范式指导下，进行选择的观察和实验[⑤]；而且，“从实验室笔记到发表的论文的途径是复杂而有趣的”[⑥]，论文作者并不是采取所有的实验数据，而是忽略掉对自己不利的数据，只选择对自己有利的数据进行采纳，即使三分之二的数据是错误，论文作者仍然可以得出实验结果支持自己的理论的结论[⑦]；因此，读者从论文中看到的实验数据是在特定理论指导下采集的数据，而且并不是原始的、完全的和真实的数据，而是经过处理的、符合逻辑的和具有说服力的数据。论文作者在写作论文的过程中把人为选择的过

---

① 黄明 . 关于国内外第一份期刊的历史 [J]. 图书馆理论与实践 , 1999(2): 40−41, 55.

② 有些学者认为，创刊于 1665 的《牛津公报》(*Oxford Gazette*)，1666 年改为名《伦敦公报》(*London Gazette*)也是世界上最早的科技期刊之一，但是本书认为，它是最古老的报纸，开启了报纸时代，而不是本书说的学术期刊。

③ 颜志森 , 姚远 . 科技期刊信息传播功能的演进 [J]. 编辑学报 , 2001(1): 9−11.

④ Hyde M J, Smith C R. Hermeneutics and rhetoric: a seen but unobserved relationship[J]. Quarterly Journal of Speech, 1979, 65(4): 347−363.

⑤ 库恩 . 科学革命的结构 [M]. 金吾伦 , 胡新和译 . 北京 : 北京大学出版社 , 2003: 114.

⑥ 巴恩斯 , 布鲁尔 , 亨利 . 科学知识 : 一种社会学的分析 [M]. 邢冬梅 , 蔡仲译 . 南京 : 南京大学出版社 , 2004: 26.

⑦ Collins H M. Changing Order: Replication and Induction in Scientific Practice[M]. London: Sage Publications, 1985: 42.

程用修辞手法给消除掉了，呈现的似乎是直接反映自然的科学事实。[①]此外，“科学家在撰写公开发表的著作时，都采用了将能够赢得有鉴别力的科学同行们赞同的典型方式”[②]，论文作者往往以标准化、符合现有知识背景的方式去论述，以使其能够方便快捷地融入当下的知识体系和易于被接受，为了达到这种目的，引证与所研究主题相关的重要文献成为一种常常使用的手段，“一篇论文可能被不同的研究者因完全不同的原因，且完全背离论文原来意思的情况下被引用”[③]，引用文献完全偏离了最初的原因——对之前研究成果和研究者的尊重，成为一种说服策略。

第二，基于公共展示的说服策略。在一些科学争论中，争论双方通过期刊论文无法说服对方，于是采取公共展示的方式来试图说服对方。与期刊论文说服策略相比，公共展示说服策略能够进行更详细的说明、有更多的见证者和更大的影响力，历史上的主要表现形式有公开辩论、公开实验、对理论预言的公开检验等，比如爱因斯坦和波尔关于量子力学的论战、伽利略自由落体实验、对广义相对论预言的引力场中光线偏折的公开检验等。公开展示的方法，通过向公众表明自己主张的科学观点的正确性，从而使科学共同体承认自己的主张。20 世纪下半叶以来，随着后学院科学的到来，媒体和公众对科学知识的兴趣日益浓厚，科学家通过媒体和公众来说服同行承认其观点的行为日益增多和复杂。

研究表明，如果《新英格兰医学》上的某篇文章被《纽约时报》转载，它的被引用率比其他文章会高三倍。此外，还会带来其他相关的效应。1998 年，《纽约时报》在其封面上报道了佛克曼（Judah Folkman）关于治疗癌症的革命性方法，随之，美国国家癌症研究所（American National Cancer Institute）宣布拥有此方法临床测试的绝对优先权，诺贝

---

① Greenhalgh S. Just One Child: Science and Policy in Deng's China[M]. Berkeley: University of California Press, 2008: 109.

② 默顿 . 科学社会学——理论与经验研究 [M]. 鲁旭东 , 林聚任译 . 北京 : 商务印书馆 , 2003: xxxiv.

③ Latour B. Science in Action: How to Follow Scientists and Engineers Through Society[M]. Cambridge, MA: Harvard University Press, 1987: 40.

尔奖获得者沃森（James Watson）认为佛克曼在两年内将会攻克癌症，专利公司和书籍出版商也随之跟进，但是，研究最终毫无进展。[①]科学家越来越多地通过媒体公布自己的研究成果，而且公布的方式也在变化。传统上，科学研究在科学共同体中达成一致意见后，才会在公众中传播，而现在，研究还处于不确定时期、还未完成时，便在公众中传播，这种行为既迎合了媒体喜好，也增加了向同行的说服效果。这种倾向也出现于不同科学共同体的争论中。英国皇家学会在历史上只生产科学知识，并不对政府决策负责，然而，在过去的几年中，皇家学会日益参与到关于科学的公共决策辩论中，在气候变化问题上发起了一场利用出版物、广播和在线媒体指出对立观点的错误的活动。[②]无论是科学家个人，还是相互对立的科学共同体，日益增多地采用公共展示的说服策略使自己的观点获得承认。

第三，基于资源压力的说服策略。在传统社会中，科学知识“或服从于哲学传统，或服从于工艺传统要求”[③]，“创造和掌握科学知识的人通常是技术专家（包括医生）或哲学家”[④]，科学知识生产不是一种独立进行的活动，主要通过哲学思辨法和经验试错法进行研究[⑤]，从属于其他知识生产活动，不需要特定的研究资源，不存在资源压力的问题。近代科学革命以来，科学实验成为判断科学理论的典型标准，实验仪器和实验经费在科学研究中的重要性日益增加。但是，由于所需要的仪器简单、研究经费较少，不同科学家之间虽然有研究资源上的区别，但是资源压力对于科学研究活动和结果的影响不明显。然而，到了20世纪，“科学不再是传统上具有好奇心的绅士和富裕赞助者支持的智慧之人的事情了，而是大型工业垄

---

① Bucchi M. Beyond Technocracy: Science, Politics and Citizens[M]. Trans. Belton A. New York: Springer, 2009: 39−40.

② Ward B. The royal society and the debate on climate change[M]//Bauer M W, Bucchi M. Journalism, Science and Society: Science Communication Between News and Public Relations. New York: Routledge, 2007: 159−172.

③ 梅森 . 自然科学史 [M]. 上海外国自然科学哲学著作编译组译 . 上海 : 上海人民出版社 , 1977: 1.

④ 本 − 戴维 . 科学家在社会中的角色 [M]. 赵佳苓译 . 成都 : 四川人民出版社 , 1988: 45.

⑤ 李正风 . 科学知识生产方式及其演变 [M]. 北京 : 清华大学出版社 , 2006: 143.

断公司和政府支持的事业”[①]，科学所需要的研究仪器和经费越来越昂贵。在这种情况下，科学研究所需要的资源成为科学共同体中的一种稀缺资源，利用资源压力进行说服成为科学共同体中的一种新的说服策略。

这种说服策略主要表现在两个方面。一方面是通过自己控制的研究经费和实验室，以及个人社会地位对其他科学家产生影响，资助与自己观点类似或者有可能达到与自己观点相同和相似的科学家进行研究，忽视与自己观点不一致的或者很小可能达到与自己观点相同或相似的科学家，通过个人影响逐渐增加与自己相同方向的研究，忽视和驳斥相反的研究，从而逐渐达成一致意见。另一方面是说服政府设置一些与自己观点类似的研究项目，在科学共同体中进行招标研究，调动科学共同体成员积极进行类似研究，最终在科学共同体中达到说服的目的。20 世纪下半叶以来，现代社会处于一个转型期，有后工业社会、后现代社会、信息社会、风险社会和知识社会等多种表述，但是知识和信息始终处于核心地位，社会中不仅充斥着更多的知识，而且到处弥漫着服务于知识安排、过程、原则和表达的知识设置。[②]经济和政府的很多行为和决策日益依赖科学知识和科学家，因此，科学家发挥自己的影响，利用外部资源压力，说服科学共同体承认其观点成为一种重要的说服策略。

以上三种说服策略在当今科学共同体中是同时存在的，第一种基于期刊论文的说服策略主要依据科学知识及其生产过程的传统逻辑和内在要求，使科学知识呈现出一种客观形象；第三种基于资源压力的说服策略主要依据当今科学知识生产所需要的外部条件，它是科学知识生产顺利进行的保证；第二种基于公共展示的说服策略的主要依据介于上述二者之间，一方面试图建构出科学知识及其生产的客观形象，另一方面利用了公众的外部压力，是科学知识生产内外合力的结果。通过不同的说服策略，科学

---

① Bernal J D. The Social Function of Science[M]. London: George Routledge & Sons Ltd, 1939: xiii.

② Knorr-Cetina K. Culture in global knowledge societies: knowledge cultures and epistemic cultures[M]// Jacobs M D, Hanrahan N W. The Blackwell Companion to the Sociology of Culture. Malden: Blackwell, 2005: 65–79.

共同体成员往往最终会达成共识，下一小节讨论科学共同体共识的形式。

四、科学共同体共识的形式

在科学知识生产过程、科学共同体成员间的磋商和说服、科学共同体共识达成的原因中，既包含科学理性因素，也包含社会因素，在科学共同体共识的具体形式中，前者表现为科学知识共识，后者表现为利益共识。科学是一种追寻真理的活动，它作为一种从事知识生产的特殊的社会建制，必须保证生产的知识具有一定的客观性。因此，科学共同体中首要的共识形式，也是最核心的共识形式，是基于科学知识达成的共识。“如果《纽约时报》想要发表一篇月亮是由新鲜奶酪构成的文章，政府是不能禁止的；但是，如果某个天文系允许该系的一名年轻学者发表一篇这样的文章，那么该系将无法存在下去。”[①]同时，科学家并不是在真空中进行研究，他们的注意力、研究兴趣和决策会受到经济和政治等社会因素的影响，共同的利益也是科学共同体达成共识的原因。根据科学知识共识程度的高低和利益共识程度的高低，可以形成科学共同体的四种共识模式（见表 6-1）。

表 6-1　科学共同体中的共识形式

科学知识共识程度	利益共识程度	
	低	高
高	一	二
低	四	三

第一种共识形式主要存在于传统的科学共同体中，主要是指基于共同的科学信念和科学方法形成的共识，它主要体现在与社会应用和政府决策关联不大、需要科研经费不多的基础科学研究领域中。库恩所提出的范式和科学共同体是其典型表现，在这些研究中，科学家共享相同的科学信念和科学理论，使用相同的科学概念、语言和研究方法，形成共同的学术观

① Post R. C. Democracy, Expertise, and Academic Freedom: A First Amendment Jurisprudence for the Modern State[M]. New Haven: Yale University Press, 2012: 67.

点。比如，在光的微粒说和波动说争论中，1817 年，法国科学院为了证明微粒说的正确性，把光衍射理论作为 1819 年的悬赏征文课题，但是菲涅耳（A. J. Fresnel）从波动说出发，以严谨的数学推理推出的结论得到了实验的验证，证明了波动说的正确性，最终获得了那一届的科学奖。[①] 从这里可以看到，最终获奖的研究结果与最初悬赏的研究内容是相反的，它说明了最终的共识是基于科学信念和知识而形成的。这在光微粒说和波动说争论、热质说和热力说等科学争论的整个历史上都很显著。这种共识的理想形式是完全排除利益共识因素、完全坚持科学知识共识因素，也是传统科学观所追求的共识形式，它在历史上曾经处于主导地位，它仍然是当今科学共同体中非常重要的共识形式，仍然是科学知识区别于其他学科知识的保证，是科学共同体荣誉的主要来源。

第二种共识形式主要体现在社会应用效果不确定和与政策关联度高的科学研究中，这类研究一方面具有高度的专业性，需要与第一种共识形式一样，以科学信念和科学知识为共识的标准，另一方面具有与文化、经济和政治等公共决策密切相连的特点，共识的达成往往会考虑到特定利益因素的满足。这种共识形式具体体现在两种研究领域中，一方面体现在技性科学（technoscience）的研究中，它与经济利益直接相关。20 世纪下半叶以来，科学研究和技术应用不再是线性关系，而是出现了以应用为目标、应用驱动的基础研究[②]，科学知识的研究语境与应用语境的联系日益紧密，科学技术化和技术科学化的趋势日益增强，经济利益成为科学研究的重要因素，科学研究活动从学院科学走向学院科学、产业科学和政府科学共存[③]，科学家不再完全依据科学信念、科学方法和科学知识等形成不同的共同体，而开始依据利益形成不同的共同体，宏观层面上可以分为学院科

① 吕增建，陈小敏．光的“微粒说”与“波动说”之争 [J]. 科技导报，2009, 27(3): 106.

② Stokes D E. Pasteur's Quadrant: Basic Science and Technological Innovation[M]. Washington D. C.: Brookings Institution Press, 1997: 22.

③ Bridgstock M, Burch D, Forge J, et al. Science, Technology and Society: An Introduction[M]. Cambridge: Cambridge University Press, 1998: 17.

学家、政府科学家和产业科学家。比如，在转基因农作物是否安全的争论中，孟山都公司的科学家从科学研究中得出共识“转基因食品与非转基因食品同样安全”，美国和欧盟的政府科学家也从科学研究出发，分别认为“转基因产品和常规产品没有本质区别”和“科学评估转基因产品所需的完整数据要等到许多年后才能获得”的不同结论。① 另一方面体现在为政府决策提供基础的科学研究中，它与国家利益直接相关。二战中原子弹的研制成功和威力使得物理学家成为美国军方最需要的资源②，二战后所有工业国家都认为政府应该积极干预科学技术研究③，科学知识开始在国家竞争中发挥日益重要的角色，科学家开始在政府决策中具有日益重要的地位，出现了基于政治利益达成共识的科学共同体。比如，在全球变暖的原因、二氧化碳是否减排以及全球各国减排程度的问题上，各国科学家虽然都基于科学研究，但是得出的观点不一样，联合国政府间气候变化专门委员会关于气候科学共识的形成“是科学、政治、环境运动和媒体等多种因素作用的结果”④，国家利益和政治因素在科学共同体共识形成中发挥着关键作用。

第三种共识形式主要体现在基于共同的利益需要而形成的科学共同体中，这类共同体中的科学家，在具体科学信念、科学方法和科学知识问题上可能并没有太多的共识，但是由于对资源有共同的需要和依赖，从而达成共识。这种共识主要体现在两类科学研究中，一类是基础项目，尤其是大科学项目的研究，另一类是争夺资源的不同研究或不同学派中，这两类研究通常是相互交叉的。现代科学研究需要大量经费，实验室负责人从一

① 李宁，付仲文，刘培磊等．全球主要国家转基因生物安全管理政策比对 [J]. 农业科技管理，2010, 29(1): 1−6.

② Rhodes R. The Makinig of the Atomic Bomb[M]. New York: Simon & Schuster, Inc., 1986: 751.

③ Elzinga A, Jamison A. Changing policy agendas in science and technology[M]//Jasanoff S, Markle G E, Petersen J C, et al. Handbook of Science and Technology Studies. Rev. ed. Thousand Oaks: Sage Publications, 1995: 572−597.

④ 戴建平．气候科学共识的起源与本质 [J]. 清华大学学报 (哲学社会科学版), 2014, 29(1): 140−150.

个会议飞到另一个会议来寻求资助，但是并不是所有的人都能成功获得资助，只有当资助人认为付出的资助符合自身利益且受资助人是未来的科学精英时，才会给予资助。[①]研究经费的多少决定了对仪器的购买和使用情况，决定了实验能否开展和研究能否持续，寻求和争夺经费已成为科学共同体领导人的重要任务，是否拥有经费已经成了科学共同体能否存在和形成共识的前提条件。缺少经费的科学共同体面临着研究无法进行和人员解散的情况，比如，美国超导超级对撞机计划立项时，一批科学家因共同的目标达成了共识、形成了科学共同体，该计划被停止后，经费没有了，他们的共识不存在了，科学共同体就解体了。再比如，在当今科研院所和研究型高校中，科学研究往往以课题组的形式存在，课题组长如果寻求不到经费，课题组就会解散，成员被其他课题组兼并。第二种和第三种共识形式已经成为当今科学共同体最主要的共识形式，他们占据了当今科学共同体中的大多数，而且这两种形式之间在具体的研究中往往相互交义和转换。

第四种共识形式是指在科学知识和利益上都不存在很高程度的共识，这种科学共同体可以转变为前面三种共识形式的科学共同体，它主要指广义的科学共同体和正在形成的科学共同体。科学共同体是分层次的，在最广层次上是所有科学家组成的共同体，第二层次是主要的科学专业共同体，第三层次是科学的具体分支专业组成的共同体，第四层次是具体研究方向组成的共同体。[②]第一种和第二种科学共同体只是在一般的科学方法和科学信仰上形成了一定的共识，他们是作为与文学家、艺术家相对应的共同体而存在，在具体的科学研究、科学观点和利益上都只有很低程度的共识，符合这里的第四种共识形式。另外一种是正在形成的科学共同体，也具有这种共识形式，比如，“人类基因组计划在提出伊始，遭到了大多

① Cozzens S E, Woodhouse E J. Science, government, and the politics of knowledge[M]//Jasanoff S, Markle G E, Petersen J C, et al. Handbook of Science and Technology Studies. Rev. ed. Thousand Oaks: Sage Publications, 1995: 533-553.

② 库恩 . 科学革命的结构 [M]. 金吾伦，胡新和译 . 北京：北京大学出版社，2003: 159-160.

数科学家的反对"，在对计划草案进行调整之后，"支持该计划的科学家数量逐步增多"[①]，在这个科学共同体形成过程中，最初无论科学知识还是利益共识程度都较低，随着研究的开始和发展才逐渐形成较高的共识。

第三节 科学共同体共识中的民主

科学共同体的共识达成，是共同体成员通过磋商，观点转变和收敛的过程。该过程中使用的语言和治理模式体现了科学共同体共识中民主因素的存在，及其在当代的进一步民主化过程。

一、科学语言的民主化

语言在传统上往往被认为仅仅是一种信息、一种符号，但是语言是在语境中存在的，必须被置于一定话语体系中才可以使用；在社会功能上，语言不仅仅是人们表达观点和沟通思想的工具，而且与人们的行为和身份认同有重要的联系[②]。不同的学科共同体使用了不同的语言形式，具体体现为，词汇、语法、文本结构等，它们"像古罗马神话中的两面神一样，一面外望着世界，一面内望着存在于语言关联结构中的世界映像"[③]，既是对世界的一种表达方式，也是共同体成员的一种认知方式，从而对不同学科产生着不同的影响，用词是否统一和清晰影响了共同体成员之间的交流和共识程度。哲学语言追求普遍性、思辨性和个体性，使得哲学语言中充满了批判性和发散性，哲学家之间很难达成共识；宗教语言追求普遍性，语言结构以全知全能的超自然力量为主语的全称判断性结构为主，使得宗教语言以收敛性为主、以共识为主，不允许分歧的存在；而科学语言追求术

① 申丹娜．大科学与小科学的争论评述 [M]// 尚智丛．社会学视域中的科学．北京：科学出版社，2013: 3–17.

② Gee J P. An Introduction to Discourse Analysis: Theory and Method [M]. 3rd ed. New York: Routledge, 2011: 2.

③ 刘秀花．科学语言的认知研究 [D]. 上海：东华大学，2005: 20.

语的精确性和稳定性以及语言结论的逻辑性，以第三人称为主语的被动句为主，试图追求中立的术语和语言结构。科学研究的具体分类和理论模型中出现的隐喻也都是清楚明确和可以相互交流的[①]，使得科学一方面有利于科学家之间的磋商和讨论，另一方面倾向于追求客观存在而不利于科学家之间的磋商和讨论，使得科学语言以收敛性为主，但是允许发散性存在。常规科学时期充满了共识，科学革命时期充满了争论；科学中的经典内容充满了共识，前沿研究充满了争议。科学语言的核心目标是要更方便、更顺畅地表达和交流科学知识，科学家在创造术语时唯一考虑的问题是它的“可理解性”[②]，科学语言中存在民主因素，但是传统上，科学共同体并不注重，也不有意利用科学语言中的民主性，而是强调其逻辑和数学规则。在当今知识社会和知识民主环境中，科学共同体仍然强调科学语言的逻辑和数学规则，但是也有意利用科学语言中的民主性，减少语境的控制性，增加语言的普遍化和跨学科间的语言交流。

二、科学治理的民主化

“科学治理”一词有两种含义，一是指用科学的方式进行治理（scientific governance），尤其指对与科学有关的公共事务进行治理，侧重于对治理中的科学要素（science in governance）的关注和运用，强调科学知识和科学方法在治理中的角色和作用，强调治理的科学性；二是指对科学事务进行治理（governance of science），强调对科学知识生产、传播和应用的治理方式，它由“科学统治”（government of science）发展而来，比科学统治具有更为丰富的内涵，由政府对科学单一的自上而下的统治发展为各利益相关主体为了实现共同的目标而互相协调的治理。本小节的“科学治理”指上述第二种含义（包括科学统治），且主要侧重分析科学共同体在共识达成过程中的行为和特点。

① Ziman J. Real Science: What It Is, and What It Means[M]. Cambridge, UK: Cambridge University Press, 2000: 150.

② 殷杰 . 科学语言的形成、特征和意义 [J]. 自然辩证法研究 , 2007, 23(2): 13–17.

科学作为一种社会建制，其起源和发展离不开社会政治、经济和文化的发展，是社会中不同因素互相作用的产物。近代科学被认为是一种追求客观真理的活动和促进社会发展的价值中立的力量，受到政治、文化和经济等其他社会建制的青睐，传统的科学治理主要是个人或政府对科学事业进行资助，科学共同体依靠社会规范进行自治。默顿提倡的“普遍主义、公有性、无私利性、有组织的怀疑精神”是科学共同体社会规范的典型表现，普遍主义使得科学家个人不能因为自己的权力而专制行事，要求在科学相关问题的讨论上，对所有科学家都是开放的和平等的；公有性表明了科学知识是共同体以及社会协作的产物，是共同体和社会的共同财产；无私利性不是指科学家个人都不考虑自己的利益，而是科学共同体中的一种制度上的安排，这种制度安排保证了个人无法获取自己的私利，这与科学知识的可检验性和同行评议要求互为保证；有组织的怀疑精神使得科学家个人对科学知识和其他科学家的理性怀疑具有合理性，科学知识经过科学家磋商之后才得到确立和承认。科学共同体的社会规范使得科学共同体受到了政府和其他社会建制的信任，1662 年英国皇家学会获得了英国国王的特许状成为自治团体①，随后科学共同体一直保持自治。科学共同体的理想目标虽然是追求客观中立的知识，科学仪器的校准和科学实验程序虽然是高度标准化的，但是事实上，科学实验从来不能完全重复，科学实验和科学知识如果没有调整，它就无法传播和发展，科学正是在调整和适应中发展的。②科学共同体对科学事务进行磋商、共同决定，体现了民主治理。

20 世纪下半叶，随着科学的发展，科学在两个层面上发生了重要变化，第一个层面是科学知识社会应用的负面效果、风险性日益凸显，科学带来的根本的和多重的不确定性（the fundamental and manifold uncertainties）使得科学家、决策者、公众之间的关系需要得到新的建构、

① 姚远．近代早期英国皇家学会社团法人的兴起 (1660−1669)[D]. 长春：吉林大学，2008: 29.

② Callon M. Four models for the dynamics of science[M]//Jasanoff S, Markle G E, Petersen J C, et al. Handbook of Science and Technology Studies. Rev. ed. Thousand Oaks: Sage Publications, 1995: 29−63.

科学合理性得到新的辩护[①]；第二个层面是小科学走向了大科学，科学知识生产方式的转变使得科学家的合作方式需要重新组织。这两个层面使科学共同体自治的方式和程度都受到了影响。“科学技术的发展已经达到这样一种状态，即必须将已有的零碎知识整合起来，科学技术才能继续发展”，科学计量学的研究揭示出高层次人才更容易合作而取得更多成果，呈现“物以类聚”而非“文人相轻”。[②]日益增长的交叉学科和日益增多的多作者论文即是典型表现，2012年以来，涉及多国合作的论文数量持续增加，科学成为一项需要众多科学家合作进行知识生产的事业，科学共同体不仅在社会规范上需要彼此合作，而且在认识论上需要进行分工合作，科学家之间的磋商更加频繁和突出。同时，由于科学知识生产需要巨额的经费，需要得到外界的支持，科学共同体在知识磋商和达成共识过程中，不能仅仅考虑理想的科学因素，而且需要考虑政府、经费资助者和公众的偏好，与他们保持适当妥协；在研究成果表达方式上需要且已经开始注重媒体的表达方式，科学共同体与政治家、企业家、公众、媒体的互动日益增加，呈现出更多的民主因素。

本章研究发现，近代科学诞生时，形成的累积科学观，认为科学知识是对自然的镜像式的反映，因此，人们主要关注科学进步的逻辑，而忽视了科学共同体中的共识达成研究。20世纪中叶以来，科学哲学和科学社会学的研究都承认了科学研究中的社会因素，科学共同体的共识达成成为研究的重要问题之一。科学共同体是个体科学家之间形成的网络，个体之间通过期刊论文、公共展示、资源压力说服其他成员承认自己的观点，共同体因学科不同和知识在本学科的核心程度不同，在知识层面和利益层面形成不同程度的共识。科学语言特征和科学治理方式促进了科学共同体共识的民主化。

---

① Braun K, Herrmann S L, Kőnninger S, et al. Ethical reflection must always be measured[J]. Science, Technology & Human Values. 2010, 35(6): 1−26.

② 陈悦，刘泽渊．悄然兴起的科学知识图谱[J]. 科学学研究，2005, 23(2): 149−154.

第六章

科学共同体在知识社会中的角色

近代“之所以形成了一种与前科学文化不可同日而语的全新的近代文化，这主要归功于科学”[①]，近代科学的理性精神和实验方法符合了西方社会政治文化价值[②]，从而得到了社会支持和快速发展；随着科学和科学共同体改造社会能力的增强，科学精神和科学方法不断塑造着西方文化的发展和社会秩序的形成；当西方文化和其他文化发生碰撞时，由于科学所支持的丰富物质财富和强大的改造力量，科学迅速渗透到其他文化中，成为世界大多数文化中所推崇的价值文化。在这个过程中，科学共同体主要扮演了给社会提供科学知识的角色，很少主动参与社会事务。然而，20 世纪下半叶以来，由于科学应用负面效果的出现，科学出现了理性危机，科学共同体出现了信任危机[③]；作为职业共同体，科学共同体的荣誉和利益受到了质疑和损害，应该明确自己的主张、澄清自己的观点。与此同时，科学知识在国家建设、社会发展和个人决策中发挥日益重要的作用[④]；作为社会共同体的一员和科学知识的主要生产者，科学共同体应该推动科学知识生

① 奥索夫斯卡，奥索夫斯基．科学的科学 [J]. 科学学研究，2017, 35(1): 11−15.

② Shapin S, Schaffer S. Leviathan and the Air-Pump: Hobbes, Boyle, and the Experimental Life[M]. Princeton: Princeton University Press, 2011: 332.

③ 参见本书第四章第三节。

④ 参见本书第一章第四节。

产、传播和应用，提倡有利于科学文化发展的社会和政治环境。科学共同体的特点和知识社会的特点一起决定了，科学共同体在知识社会中应该发挥积极的社会角色。

第一节　知识生产和传播的领导者与推动者

与其他知识相比，科学知识在促进人类福祉和社会发展中做出了巨大贡献。宗教、哲学、科学、艺术、社会学、经济学、管理学等各学科知识互为补充，都对人类发展的进程做出了重要贡献，彼此之间是一种平等的关系。然而，正如人类社会中的不同职业虽然都是平等的，但是并不能否认不同职业对社会发展的贡献和作用的不同一样，各学科知识虽然是平等的，但是也不能否认不同学科知识对人类社会发展的贡献和作用是不同的，科学知识发挥了不可或缺的作用。在哲学意义上，虽然累积的知识观已经遭到了激烈批判，但是科学知识仍然表现为一种求真的知识体系和内容日益增加的知识体系，引导人们认识事物的真；在社会学意义上，科学知识表现为一种系统的知识体系，虽然它的绝对客观性已经受到了持续的批判，但是科学知识仍然是所有学科知识中最具有精确性和可检验性的学科，科学方法和科学界定的历史变化正反映了科学对经验性、精确性、可预言性和可检验性的追求①；在人类学意义上，科学知识表现为一种具有改造自然能力的知识体系，虽然它的负面性日益突出，但是在人类发展和社会建设中仍然离不开它。科学共同体作为科学知识的主要生产者，应该担负起促进知识生产和传播的社会责任。

① 田甲乐．社会制度与科学知识——大卫·布鲁尔的科学知识社会学思想研究 [D]. 开封：河南大学，2010: 38.

一、科学共同体在知识生产和传播中的优势

在共同体层面上，科学共同体比其他共同体生产出了更多的家喻户晓的知识和在实践中得以运用的知识，得到了公众和政府更多的重视。在知识生产和传播过程中，科学共同体比其他共同体表现出更多的优势。

第一，科学共同体成员之间表现出更多的合作。在职业共同体中，我们很少听到哲学共同体、文学共同体、艺术共同体、宗教共同体等，这些共同体成员之间共有的是研究方法、研究对象等，但他们强调更多的是每个成员的个性，彼此之间缺乏显著的合作，这直接导致了其学科研究内容在很大程度上无法累积进步，研究的基点总是需要回到最初的起点，“在许多人文科学的杂志上，以新近的文献作为参考文献的百分比是低的”[①]。比如，哲学家在研究某个问题时，需要追根溯源，回到该问题最早提出的时代、回到原点，可以进行更好的反思；但是，正是因为这个原因，每个哲学家都更加重视自己对问题的看法，回到自己认为的原点和逻辑，彼此之间很少合作，而且对文献的搜索只能基于个人的理解进行，哲学知识就很难累积进步。与上述不同，科学共同体成员之间表现出明显的合作，而且合作趋势在增强，其研究没有必要回到原点，“研究领域的第一代科学家，进行广泛的、无所不包的文献调查”，第二代对文献就有了一个比较专门的研究方向[②]，第三代就有了更加专门的研究，一般只搜索最新的文献就可以了，从而使得科学知识能够累积进步。

共同体成员之间进行合作的另外一个重要性，是促进成员之间知识的交流。个体成员的知识和行为必须成为知识网络和制度化的组成部分，才能得到辩护，否则没有任何意义。[③] 人文社会学科的共同体成员之间的交

① 克兰. 无形学院——知识在科学共同体的扩散[M]. 刘珺珺，顾昕，王德禄译. 北京：华夏出版社，1988: 88.

② 克兰. 无形学院——知识在科学共同体的扩散[M]. 刘珺珺，顾昕，王德禄译. 北京：华夏出版社，1988: 71.

③ Collins H M. Changing Order: Replication and Induction in Scientific Practice[M]. London: Sage Publications, 1985: 148−149.

流大多来自于阅读彼此之间的文献，但是，文献并不是完整的研究过程和研究记录，而是经过修饰加工处理、以符合现有知识体系的表达结果，文献的阅读者很难完全理解研究过程和研究方法。科学知识社会学的研究也已经表明，实验结果无法根据实验记录完全复制，只有亲自参与作者的实验才能完全了解实验过程和实验思路。科学共同体成员之间进行长期的、频繁的合作，使得彼此之间真正了解对方的研究思路、方法和过程，相信对方的观点，促进知识的累积进步。

第二，科学共同体对新成员的培训是相对封闭的。这里的相对封闭指研究问题、研究方法和研究内容是系统化和相对固定的。从知识生产的效率来看，一定程度的封闭和系统化是必要的，它可以促进新成员快速地学习知识生产技巧和专注于特定的问题。拉卡托斯认为，科学理论之间构成了一个系列，被称为研究纲领，它由硬核、反面启示法、正面启示法和保护带构成；硬核是理论中最基础的部分，不容许被变更和反驳，如果被更改就成了另外一个研究纲领；反面启示法本质上是一些禁令，禁止研究与硬核相反的内容，是为了保护硬核和该理论能够继续发展；正面启示法是一些积极鼓励的规定，鼓励与硬核相一致的研究；保护带是一些辅助性假设，是为了保护硬核，把出现的与硬核相矛盾的观点引向自己。研究纲领比较好地阐述了科学理论的封闭性，科学共同体在对新成员的培训中也遵循了这种封闭性，设定了研究系统的边界。与此不同，人文社会科学的共同体对新成员的培训是发散的，边界是不断扩大的，比如，哲学新手要学习古典，对不同对立学派的不同观点都要求理解和掌握，强调批判性思维和发散性思维。这种培训是开放的，能够促进共同体成员思维的开放性和创新性；但是缺点也很明显，使得新手掌握知识较慢，而且较难系统掌握知识和在前辈研究基础之上进步。科学共同体对新手的相对封闭培训，可以让新手快速掌握相关知识和技巧。当然，这种封闭是相对的，并不是完全的封闭。封闭体现在知识的连贯性、系统性和逻辑性上，并不是完全拒绝接触不相关知识；封闭还主要存在于对新手的培训中，在成员的具体研究过程中，也强调其创新性和发散性。

第三，科学共同体的研究方法和成果以可视化的形式出现。科学事实的诞生依赖于物质技术，共同体成员集体看见是知识正确性的判断依据。① 实验记录、同事之间的交流和见证，使得实验过程和结果更容易得到人们的信任；科学研究成果在向社会传播过程中，伴随着技术和案例进行，人们能够看到真实的东西，更容易信任。科学家有意识地展示自己的研究材料和成果以便于打破科学家和公众的界限②，从而获得公众支持。科学共同体的研究和传播，是在特殊语境中，以案例的形式进行的，通过归纳推理得到一般性的结论，具有可操作性、易表达性和传递性的特点；而且科学共同体积极利用这一特点，使科学研究更容易可视化。

第四，科学共同体具有公共话语。这里的公共话语首先指科学共同体成员之间具有统一的术语、表达方式和语言结构，能够进行良好的沟通和交流，能够在其他人的研究基础上进步；其次，由于科学在社会发展和国家建设中所表现出的显著力量，科学共同体使用的很多语言成为社会公共语言，蕴含了一种对自然和事物的基本观点和立场③，在无形中向社会传播了科学共同体的思维方式和表达方式。很多人文社会科学家坚持用自己的词汇和思维方式进行表达，尤其是“某些被雇佣为哲学家的人坚持认为，只有自己运用的哲学才是真正有智慧的哲学”④，这就影响了共同体成员之间的交流。

上述四种优势中的前两种特征，主要体现在科学知识生产过程中，使得科学共同体在知识生产过程中，比其他职业共同体能更有效地生产更多的知识；后两种特征，主要体现在知识传播过程中，使得科学共同体在科学知识传播的时候，科学知识能够获得政府和公众的信任。这四种特征是

---

① Shapin S, Schaffer S. Leviathan and the Air-Pump: Hobbes, Boyle, and the Experimental Life[M]. Princeton: Princeton University Press, 2011: 76-79.

② Stewart L. The element publicum[M]//Porter J M, Phillips P W B. Public Science in Liberal Democracy. Toronto: University of Toronto Press, 2007: 23-39.

③ 阿来 . 汉语 : 多元文化共建的公共语言 [J]. 当代文坛 , 2006(1): 18-20.

④ 麦克布莱德 . 我们需要建立哲学共同体 [N]. 社会科学报 , 2013-4-4(5).

指科学共同体在知识生产的效率和知识传播的成功的方面，所具有的优势，并不表明科学知识比其他知识更优越、科学共同体比其他职业共同体更优越。不同学科知识之间的良性互动和补充，需要各种学科知识都获得更多的发展，彼此之间更频繁和有效地交流，正是从这个角度看，科学共同体具有一定的优势，应该领导和推动知识生产和知识传播。

二、科学共同体采取的策略

科学共同体与其他知识生产共同体并不总是能够和平相处，20 世纪 70 年代开始，后现代主义学者对“科学研究的合理性、逻辑标准、客观真理与实验证据等科学的本体论和科学的认识论基础”进行了猛烈批判[①]；1994 年，美国生物学家格罗斯（Paul R. Gross）和莱维特（Norman Levitt）出版了《高级迷信：学术左派及其关于科学的争论》[②]一书，科学家开始对人文学者进行反击，拉开了科学家与人文学者大战的序幕；1996 年，美国量子物理学家索卡尔（Alan D. Sokal）在著名的后现代主义学术期刊《社会文本》（*Social Text*）上发表了《超越界限：走向量子引力的超形式的解释学》[③]一文，随后作者表示该文是为了检验编辑的学术诚信而有意捏造的一篇诈文，使得科学家与人文学者大战升级，火药味十足，双方在学术期刊、报纸、通俗读物等多处地方争论，但是最终没有哪一方获得胜利。索卡尔事件和科学大战表明，科学共同体在知识生产中虽然具有很大程度的优势，但是如果不采取策略，就不会被人们认识到。科学知识与其他知识的良性互动，科学共同体与其他职业共同体的良性互动，不会自动发生，也不可能仅仅通过彼此的攻击来实现，而需要采取观点表达和沟通的策略来实现。科学共同体为了发挥在知识生产和知识传播中的优势，

---

① 蔡仲．“索卡尔事件”与“科学大战”[J]. 科学技术与辩证法，2004, 21(5): 1–2.

② Gross P R, Levitt N. Higher Superstition: The Academic Left and Its Quarrels with Science[M]. Baltimore: The Johns Hopkins University Press, 1994.

③ Sokal A D. Transgressing the boundaries: toward a transformative hermeneutics of quantum gravity[J]. Social Text, 1996, 14(46/47): 217–252.

不能再仅仅是攻击其他学科，而应该进行更多的观点表达和沟通。

科学家和公众之间，对于与科学相关的问题，存在着巨大的认知分歧[①]，一些科学家在不被公众理解的情况下，愤怒地称公众为笨蛋、科学文盲、白痴[②]，这种激烈的对抗模式并不能使彼此重回信任状态。公众并不是在近代科学诞生的时候，就不信任科学家，而是经历了一个从信任到不信任的过程，这说明，公众和科学家在对科学知识的认知问题上，经历了不同的演变。科学知识生产方式，在20世纪中叶从学院科学进入后学院科学的过程中，发生重要变化，科学共同体作为科学知识的生产者，对于这种变化，在有意识或无意识中，是认可和接受的；公众作为科学知识应用效果的承受者，对于上述变化的理解角度，自然与科学共同体的理解角度不同。因此，科学共同体首先应该向公众展示一个完整的科学知识形象，使其他学科共同体和公众对科学知识及其生产有一个完整的认识。由于近代科学给社会带来的巨大财富，人们逐渐相信科学是完美的、是进步的，尽管当时不够完美，但是它处于走向完美的道路上，社会上面临的问题都可以借助于科学来解决；随着20世纪科学带来的负面效果出现，人们开始把所有问题的根源都归结为科学。科学知识社会学家和后现代主义者已经充分揭示了科学知识在生产和应用过程中存在不确定性，科学共同体在知识生产和传播过程中包含的利益因素、社会因素和政治因素。这种观点虽然仍然遭到一些科学家的反对，但是已基本成为一种共识。于是，一些学者以此来反对科学和科学共同体。

但是，在对科学的不确定性和科学共同体中的社会因素进行攻击的时候，需要考虑清楚两个问题。第一，其他学科和学科共同体中是否存在上述问题，如果存在，是否也都应该受到反对和攻击，是否也都是社会问题

---

① Funk C, Rainie L. Public and Scientists' Views on Science and Society[EB/OL]. Pew Research Center, (2015-01-29)[2017-01-20]. http://www.pewinternet.org/2015/01/29/public-and-scientists-views-on-science-and-society/.

② Mooney C. Do Scientists Understand the Public?[M]. Cambridge, MA: American Academy of Arts & Science, 2010: 2.

的根源。科学知识社会学家和后现代主义者揭示出了科学知识与其他知识在生产和应用过程中的相同点和共同特征，使人们对科学和科学共同体有更全面的认识，但是，共同点并不能把一门学科与其他学科区分开来，并不能使他的独特性和存在的合理性表现出来；同样，也不能成为反对他的理由。第二，科学和科学共同体除了存在上述与其他学科和学科共同体共同的特征之外，是否还存在其独有的特征。科学知识具有较高程度的客观性、精确性和可检验性，科学共同体在知识生产过程中具有较高透明性和可视性、较多的合作性、较清晰的表达性，这是其他学科和学科共同体中所不存在的。因此，科学和科学共同体的意见，仍然是社会发展和国家建设中公共决策的主要依据，也仍然是个人决策的重要依据。首先，科学共同体应该向其他学科共同体和公众展示出一个完整的科学知识生产和应用形象；应该主动承认和展示其中含有的利益因素、政治因素和社会因素及其程度，也展示其中的客观性、精确性和可检验性及其程度，说明不同因素在知识生产和应用中所发挥的作用及其限度和效果。

其次，科学知识是科学文化的一部分，其他学科的知识也都是所在文化的一部分。公众文化中包含的知识是日常知识，对于任何知识的理解都离不开对其所在的文化的理解。科学共同体与公众的知识区别不是信息和数量的差别，而是知识体系和文化的不同。科学共同体在其他学科共同体和公众交流的过程中，应该把科学知识纳入到对方的知识体系和文化中去沟通，同时也应该通过理解对方的知识体系和文化来理解对方的知识。索卡尔事件出现后，科学家与后现代主义学者之间的争论很快已经超出《超越界限：走向量子引力的超形式的解释学》文章本身内容，争论的焦点不再是该文章是否错误及其动机，而是科学文化与人文文化之间的争论。科学家与其他职业者进行交流时，往往采用科学家之间的交流方式进行，而没有注意到应该采用不同的交流方式。20 世纪认识论向自然主义的转向和语境论的研究，将为知识辩护转变为对知识产生的个体生理机制和具体语境的考察[①]，包括对科学知识等所有知识的考察都需要用人类学和民族志的方法去研究。不同的语境有不同的认知和判断标准，同样的知识在不同的语境中，被理解为不同的含义，知识是镶嵌在文化价值和信仰中的，认识论与社会学和文化是内在一致的。科学共同体只有先理解对方的文化背景，才能更好地表达自己的观点和与对方交流。

比如在医患沟通中，医生和患者面临的既是知识差异问题，更是文化差异问题，医生误解患者对病情的描述和患者误解医嘱是时有发生的事情。医生对疾病治疗的考虑更多基于患者身体健康，而患者对疾病的考虑更多基于身体健康、经济承受能力、审美等综合因素，甚至有时对经济承受能力和审美的考虑超出对身体健康的考虑。医生和患者对疾病治疗效果的预期也时常不同，医生根据专业训练和经验进行自己的判断，患者根据自己的感受、经验和文化背景进行自己的判断，二者之间会出现差异。同时，越来越多的患者通过互联网分享彼此的经验、进行互动、判断病情和治疗方案，对疾病治疗有更加自信的自我判断。作为医生，只有理解了患者的知识、经济和文化等背景，才能进行有效的沟通和得到患者的信任。当今中国社会日益突出的医患矛盾，是由于缺乏文化沟通而导致彼此不信任对方知识的典型表现。这种情况在与公众密切相关的科技领域和公众感兴趣的与科技知识相关的领域中，比如转基因食品和胚胎干细胞治疗等，都表现得较为明显。科学共同体只有把科学知识放在文化整体层面来进行沟通，才是更有效的沟通。

最后，科学共同体在知识生产和知识传播过程应该邀请其他人参与，也应该参与其他学科共同体的知识生产和知识传播。参与是一项历史悠久的政治活动，在古希腊的民主政治中，公民有权利参与政治活动，通过参与实现公民德性的完善和对公共事务的认可[②]。随着经济和知识等成为公共事务，不同主体和行动者参与到相关事务中，成为一种现实实践。但是在

① 王娜 . 语境主义知识观：一种新的可能 [J]. 哲学研究 , 2010(5): 89-95.

② Held D. Models of Democracy [M]. 3rd ed. Cambridge, MA: Polity Press, 2006: 14.

知识生产和知识传播过程中，异质行动者的参与规模和质量仍然是一个亟待扩大和提高的问题。科学共同体通过吸收其他学科共同体成员的参与，是形成“扩大共同体”的过程，是在所有参与者之间形成情感共同体、认知共同体、利益共同体和文化共同体的过程。在形成该扩大共同体的过程中，科学家和其他成员之间都是平等的，科学家应该充分聆听他人和表达自己的观点、诉求及其原因。科学家不应该在知识生产结束后，介绍给他人一个经过处理、加工和修饰过的结果，而应该在知识生产的开始，就像邀请其他科学家和自己的助手一样，邀请公众参与到知识生产的全过程；在科学知识传播过程中，不应该在决策传播内容、方法和范围之后再邀请公众参与，而应该邀请公众参与传播过程的遴选、设计等全过程。

上述是一个理想性的规范，科学家和公众可能都没有充足的时间来完成完整的参与，但是参与科学知识生产和科学知识传播应该是每个人都享有的权利。只有有了制度性的保障，给公众以权利，公众能够随时监督和参与科学知识生产和传播过程，从而才更容易信任科学知识和科学共同体。科学共同体也应该主动积极参与其他学科知识的生产和传播过程，一方面对其他学科知识和其他学科共同体认知过程有更清晰和全面的认知，另一面能够充分表达自己的主张，实现二者更好的互动。当生物学家在庆贺取得新成就的时候，人文学者和公众正在审视着基因革命，之前发生过的核灾难、环境污染、疯牛病危机等已经抓住了他们的想象，促成了他们现在产生基因焦虑。① 对于一场由于科学知识直接或间接引起的灾难，科学共同体和政府往往认为找到该事故的原因，进行事后处理就结束了；但是，它给公众带去的心理阴影和公共决策带去的经济影响是深远的②。科学知识生产不是一种独立于其他社会活动的自治活动，而是由特定的行动者

① Jasanoff S. Designs on Nature: Science and Democracy in Europe and the United States[M]. Princeton: Princeton University Press, 2005: 37.

② Jasanoff S. The Ethics of Invention: Technology and the Human Future[M]. New York: W. W. Norton & Company, 2016: 42.

在特定的文化和政治背景中建构的一种知识形态。[①] 其他学科知识也是如此。科学共同体与其他学科共同体和公众的互动，不是基于当下科学知识的脱离历史和语境的互动，双方彼此之间的态度是在历史中形成的，彼此之间通过参与，能够了解其观点形成的历史原因，从深层次上找到分歧产生的原因，增强彼此之间的信任和理解，达成共识。

第二节 民主的示范者和推动者

民主最主要和最显著的表现领域，是在政治选举和公共决策当中；但是它普遍的表现是在各社会团体中。民主的实现不是在假定虚拟的环境中实现的，不是突然实现的，民主与非民主的界限不是清晰明确的，很多时候处于完全专制和完全民主的中间地带[②]，而且可能长久地处于中间地带，甚至可能再转变回专制。在少数最终决策者和个人之间，存在着很多社会团体，他们把松散的、无力的个人联系起来，成为实现社会目标的主要力量，是持续推进民主和阻碍民主的主要力量。社会各领域和各社团由于其自身条件和环境的不同，在民主的实现过程中，其进程并不相同。科学共同体是社会中最重要和最显著的社团之一，而且其民主效果显著，能够成为民主的示范者和推动者。

一、科学知识、精神和文化在民主发展中的示范和推动作用

民主的实现需要公民文化的支撑，公民文化能否取代旧有的文化取决于它产生的精神成果是否被认可和持续的时间是否足够持久。[③] 科学共同

---

① Greenhalgh S. Just One Child: Science and Policy in Deng's China[M]. Berkeley: University of California Press, 2008: 15.

② Sørensen G. Democracy and Democratization: Processes and Prospects in a Changing World [M]. 3rd ed. Boulder: Westview Press, 2008: 55.

③ 王海明 . 论民主的文化条件 [J]. 西南民族大学学报 (人文社会科学版), 2012(10): 58-65.

体的共识达成是一个民主过程[①]，科学共同体文化是孕育和维持民主的土壤，科学知识、科学精神和科学文化具有在社会走向民主过程中发挥示范和推动作用的能力和条件。

第一，科学知识在民主发展中的示范和推动作用。首先，科学知识给人类带来的物质进步和社会福利，使它获得了比其他知识更高的地位和人们的认可，其蕴含的精神和文化能够得到人们的认可和信赖。知识是人这个特定的存在者在与世界交互作用过程中对世界及自身存在的领悟与了解[②]，可以根据学科分为科学知识、哲学知识、宗教知识、艺术知识等，也可以根据编码化程度分为显性和隐性知识。无论是不同学科的分类还是不同编码化程度的分类，都表明了不同知识背后蕴含着不同的思维方式、精神和文化。比如，中西方知识观是不同的，历史上不同时期的知识观也不同，这反映了知识观背后的文化因素以及随文化的演变而演变。不同文化中的知识相互接触后，往往会发生冲突，这不仅是知识的多与少、有用与无用的冲突，而是文化的冲突。近代科学诞生之后，科学知识由于对社会的有用性而迅速得到人们认可。科学知识在与其他知识的遭遇和碰撞中，往往都取得了胜利。这使得科学知识得到人们的信任，人们在接受科学知识的同时也会有意和无意地接受科学精神和科学文化。比如，20 世纪 20 年代发生在中国的科玄论战，正是科学知识进入中国，带来的科学文化与中国传统文化的挑战，科学观虽然没有取得胜利，但是已经深入人心。当今一些非西方国家在提高传统文化地位的过程中，也有意强调它与科学知识的兼容性。科学知识的有用性带来了科学精神和科学文化的扩张。

其次，科学知识提高了人们参与民主的能力。民主在发展过程中，公众参与民主常常受到的一个责难是，在一个庞大而复杂的现代社会中，选民（公众）没有能力对公共政策作出合理的判断，且容易受到政治家有目的的煽动。竞争性精英主义民主是其典型表现。这个问题是民主公民权问

---

① 参见本书第五章。

② 贡华南 . 知识与存在 [D]. 上海 : 华东师范大学 , 2002: 1.

题（即在一个庞大而复杂的社会中，公众是否能够胜任参与社会治理的任务）[①]的重要组成部分，对它的回答直接影响着公众在民主社会中的权利。在当代社会中，很多决策都涉及科学知识，人口政策、能源政策、气候政策、农业政策等等，公众对科学知识的掌握水平严重影响其对相关政策的判断。科学知识的传播有利于提高公众的科学知识水平和对相关问题的判断能力，促进民主在实践中的发展和完善。此外，由于科学知识的不确定性及其生产和应用中包含的不确定性因素已被科学共同体和公众承认，科学知识生产和应用都需要公众参与，科学传播也由科学共同体与公众的双向传播取代了科学共同体向公众的单向传播，公众对科学知识的参与也有效地提高了公众的科学知识水平和参与民主的能力。

第二，科学精神在民主中的示范和推动作用。科学精神是科学共同体在长期的科学研究活动中形成和体现出的思维方式和行为态度，它至今没有一个准确的定义，但是可以把它大致概括为理性精神、实事求是精神和宽容精神[②]。理性精神有利于各参与者之间进行有效的沟通，实事求是精神有助于针对明确的问题进行讨论，宽容精神有利于对多元化和少数观点的尊重，这三种精神有利于推动社会民主化。因此，科学知识在引起人们注意的时候，也往往引起人们对科学精神和民主精神的注意。20世纪初中国在反对传统、引进新思想的新文化运动中，引进了“德先生”和“赛先生”，即是对民主精神和科学精神的同时关注，此后二者常常同时出现。新中国成立之后，中国科学迅速发展的同时，民主也在不断发展，1986年，中国第一次软科学座谈会上发表了《决策民主化和科学化是政治体制改革的一个重要课题》，提出了推进决策的民主化和科学化进程。此后，党的十三届六中全会和之后的历届全国代表大会中都指出了决策民主化和科学化的重要性。民主精神与科学精神同时发展。

科学精神不是抽象的，而是存在于具体的实践中。科学没有国界，但

① Christiano T. Democracy[EB/OL]. Stanford Encyclopedia of Philosophy, (2006-07-27)[2016-04-07]. https://plato.stanford.edu/entries/democracy/#ProDemCit.

② 竺可桢 . 竺可桢文录 [M]. 杭州 : 浙江文艺出版社 , 1999: 41.

科学家有祖国，科学精神是由特定的科学共同体在具体科学实践中形成的，蕴含了民族和国家特征。对科学精神进行阐释和解读、理解民族精神和国家精神在其中的作用，明确科学精神并不仅仅是科学精神，而是多元因素相互交织的结果，有利于民主精神的培养和形成。在中国，“两弹一星”（核弹、导弹和人造卫星）是在新中国科技基础非常薄弱和物资条件非常匮乏的情况下研制成功的，“两弹一星”科学共同体的组成和维持不仅仅是对科学的热爱，更多的是出于对祖国的热爱和传统文化的信仰。由此诞生的“两弹一星”精神，即“热爱祖国、无私奉献，自力更生、艰苦奋斗，大力协同、勇于登攀”的精神，是具有国家特色的重要科学精神，它对中国科学发展和高校教育都有重要影响[①]。科学共同体和相关学者，应该厘清科学精神的建构和发展过程、主动积极传播科学精神，这能够对民主精神的形成和完善形成示范和推动作用。

第三，科学文化在民主中的示范和推动作用。随着近代科学的迅速发展及其在促进社会发展中作用的日益显著，科学成为一种重要的文化因素，即科学文化，它“不仅是智力意义上的文化，也是人类学意义上的文化”[②]，它包含特定的知识形式、认知方式和社会规范[③]，突出地表现为一种世界观和思维方式。科学文化诞生在西方文化中，在形成过程中，以强有力的态势挑战了之前占社会主流地位的宗教文化和哲学文化；在向非西方文化传播过程中，摧毁着其他国家和民族的传统文化，以一种胜利者的姿态在全球迅速扩散，获得了人们的关注和承认。科学文化是以科学知识和科学方法为基础建构出来的文化，具体表现为以经验主义和理性思维建构起来的文化，与民主文化相符合。近代科学在欧洲诞生起就和本国的宗教、经济和军事密不可分。20 世纪初中国科学共同体形成时，其目标是通过科技的研究，使中国摆脱西方列强的侵略和压迫，建立一个强大、统一和繁荣的国家；第一次世界大战之后德国科学共同体希望借助于科学恢

① 任安波 .“两弹一星”科学家群体的组织和文化 [D]. 北京 : 中国科学院大学 , 2014: 110-113.

② Snow C P, Collini S. The Two Cultures[M]. New York: Cambridge University Press, 1998: 9.

③ 刘大椿 . 科学文化与文化科学 [J]. 自然辩证法通讯 , 2012, 34(6): 1-7.

复德国之前在世界中的地位；而日本科学共同体的目标是借助科学使日本达到国际一流地位。[①]现代科学研究内容的选择和目标的制定与国家目标更加紧密，科学目标不是科学家个人、也不是科学共同体制定的，而是与公众、资助者和政治家共同制定的，是一个民主过程。观察负载理论和整体论表明，科学观察和科学事实是由整体理论建构出来的；科学知识社会学表明科学理论是由整个社会文化建构出来的，科学家是处于政治、经济等整个网络之中，科学知识生产不是科学家和科学共同体独立进行的过程，而是经济、社会、政治对话、磋商的过程，是一个民主过程。

科学文化与科学精神一样，在具体的科学实践和社会实践中形成，具有民族和国家特征。科学最初是作为基督教传教士结交中国士大夫的工具[②]而传入中国的，传入的科学形式虽然主要是科学知识，但是“知识活动是以认识论观念而引导的”，因此，事实上的科学传入中国是“在知识与认识论观念两个层面上同时展开”[③]。科学在中国的传入“以儒学与基督教的斗争为基本背景”展开[④]，科学文化在中国的最初形成是科学、基督教和儒学相互碰撞的结果，在随后一直到今天的传播和发展中，始终伴随科学与儒学的冲突与协调，伴随着中国传统文化与当代实践的介入。科学文化是由包括科学思维和科学方法在内的多元因素建构的，它不是基于科学改造社会力量基础之上形成的科学主义和科学霸权文化，而是蕴含着对人文和现实的关照的科学文化。科学文化应该不限于科学共同体成员间的内部文化，应该扩大到社会成员之中，成为一种社会文化。科学文化的建构需要社会多元行动者共同行动，既促进了科学的进步，也促进了民主精神的培养。

---

① Wang Z Y. Saving China through science: The Science Society of China, scientific nationalism, and civil society in Republican China[J]. Osiris, 2002, 17(2): 291−322.

② 曹增友 . 传教士与中国科学 [M]. 北京 : 宗教文化出版社 , 1999: 前言 3.

③ 尚智丛 . 从演绎推理的传入看儒学的开放性——兼论儒学与科学的关系 [J]. 自然辩证法研究 , 2015, 31(6): 9−13.

④ 马来平 . 西学东渐中的科学与儒学关系 [J]. 贵州社会科学 , 2009(1): 4−20.

二、科学治理在民主中的示范和推动作用

科学治理是民主实践的一个部分，科学知识的专业化使科学共同体自治成为民主实践的先行者和示范者，科学治理与社会治理的同质和交织使科学治理成为民主的示范者和推动者。

第一，科学共同体的自治离不开政府和社会氛围的支持，是政府和社会对平等和自由的承认，是民主的实践。科学共同体虽然进行自治，但是仅仅是建立自己组织和自我管理的一定程度的自治，离不开政府对他们的信任，也离不开公众对专业知识生产者形成自己组织的认可。[①]科学共同体的形成和发展标志着民主所需要的社会条件一定程度地成熟。英国皇家学会通过国王特许状获得自治权力，能够“依法自主组建和选举学会的会长、理事长、会员等机构”，成为自治团体；皇家学会的会员社会成分多元，包括了贵族、教士、商人、哲学家、科学家和技术工匠等多阶层人士，成为英国科学领域中多个阶层力量、不同理论观点、多种发展要求相互碰撞相互融合的载体；会员身份是开放而平等的，学会实行民主管理。[②]英国皇家学会是英国市民社会发展到一定程度，自发孕育出的科学民主治理；中国的情况，与此有些不同，中国科学社是在美国的中国留学生为了中国的强大而追求科学和民主的结果，是中国民主的先行者。中国科学社实行民主管理，其创办的期刊《科学》的编辑包括科学家、工程师、企业家和政治家，中国科学社和《科学》期刊的民主管理模式成为中国其他社团的榜样，也推动了中国市民社会和民主社会的发展进程。[③]科学共同体在一个国家和地区的成立，意味着政府和公众对民主的支持、允许和探索。

第二，科学共同体与社会是同质的，科学治理中的民主经验可以成为

① Wang Z Y. Saving China through science: The Science Society of China, scientific nationalism, and civil society in Republican China[J]. Osiris, 2002, 17(2): 291–322.

② 姚远. 近代早期英国皇家学会社团法人的兴起 (1660–1669)[D]. 长春: 吉林大学, 2008: 26–49.

③ Wang Z Y. Saving China through science: The Science Society of China, scientific nationalism, and civil society in Republican China[J]. Osiris, 2002, 17(2): 291–322.

政府治理和社会治理中民主的示范。科学共同体与社会一样，成员在某种程度上具有共同的信念，比如对真理的追求、对荣誉的追求、爱国主义、理想信念等，一种共同的信念把共同体成员联系在了一起；同时，成员也在某种程度上都具有偏好差异，比如在观念、利益、目标实现方法和路径等问题上，存在分歧和争夺。科学治理与政府治理、社会治理一样，都是要解决异质行动者之间的观点冲突，最终达成一致同意的过程。如果说在学院科学时代，科学共同体与现实社会利益有一定的距离，只关注纯科学知识生产、成员同质性比社会同质性高、治理模式比较特殊，其经验很难得到政府治理和社会治理的借鉴；那么，在后学院科学时代，科学研究的选题和目的从个人兴趣转向国家目标，科学研究的语境从学术语境转向应用语境或学术与应用语境并重。从学科内部研究到跨学科研究和超学科研究的兴起，从学术评价到对社会效益的重视，科学共同体在研究中出现了越来越多的异质行动者和异质性因素，经济、权力等因素在科学研究和科学共识达成中发挥越来越重要的作用，科学治理与政府治理和社会治理表现出了更多的相似性，其民主治理经验可以为政府治理和社会治理所借鉴。

科学治理中的因素从同质性发展到异质性，是一个渐进的过程。从学院科学到后学院科学的发展，在科学研究中是一个顺利转换的渐进过程，科学共同体成员从较大的同质性转向较大的异质性，从较多的共同利益转向较多的偏好差异，民主治理的难度从较易实现到较难实现。科学共同体成员从同质性到异质性的转换过程，与社会成员从传统社会向现代社会的转换过程，尤其是中国社会成员的同质性和异质性程度在 20 世纪初以来的转变，有很大的相似性。但是在中国社会的发展过程中，科学共同体的民主治理比社会民主化过程更加快速，中国科学社及《科学》期刊编委会、“文化大革命”时期的科学共同体，尤其是进行军工项目研究的科学共同体，比同时期其他社会共同体和整个社会中都体现出了更多的民主。科学共同体与其他共同体存在着差异，但是如前所述，也存在着很多共同点，科学共同体中的民主可以作为政府治理和社会治理中民主的示范。科学共同体应该积极总结经验，探索更有效的民主治理模式，发挥好示范作用。

第三，科学治理与公共治理交织在一起，科学共同体成为民主的推动者。一方面是公共治理模式的变化。自然和人类社会处于不断变化发展过程之中，人类社会系统中各要素对人和社会发展的重要程度，随着历史的变化而发生着变化，这种变化影响着人们对公共治理模式的选择。19 世纪末 20 世纪初，随着大工业时代的到来，社会进入高度组织化状态，前工业社会简单的管理已经无法有效地组织社会生产，以规则为组织方式、以权力高低维持个体行动者之间合作的科层治理模式应运而生。随着后工业社会的到来，社会生产和社会组织高度复杂、资源开始分散，个人、组织或者政府没有办法掌握足够的资源让个体行动者愿意合作、共同行动；建立在自由等价交换基础之上的市场治理和建立在相互信任和依赖之上的网络治理应运而生，它们与科层治理起到了很好的相互补充作用。然而，在公共领域，很多产品都具有公共属性而不是属于某一个人或某一群体，这些产品无法自由等价交换，出现了搭便车效应，以至于每个个体都不愿意去行动；这种情况下，理论上可以用网络治理进行弥补，然而，个体之间信任的建立需要时间去考验、需要共同事务的执行去验证，在急需解决的公共问题上无法施行。鉴于人们是否愿意行动的意愿主要由其所掌握和理解的知识来决定，个体行动者之间是否愿意共同行动与是否具有统一的知识和观念密切相关，权力和资本在组织共同体行动中的重要性在下降，知识的重要性在上升，出现了知识治理模式，成为科层治理、市场治理和网络治理的重要补充[①]，甚至成为公共治理的主要模式。科学共同体作为主要知识生产主体，成为知识治理中的主要行动者之一，科学治理与公共治理于是出现了重要的交集，即科学共同体。科学知识生产的资金获得、组

① van Buuren A, Eshuis J. Knowledge governance: complementing hierarchies, networks and markets?[M]//in't Veld R J. Knowledge Democracy: Consequences for Science, Politics, and Media. Heidelberg: Springer, 2010: 283−297.

织模式、生产效率都离不开公共治理模式；知识治理依赖的主要资源是公共知识生产机制，科学共同体作为公共知识的主要提供者，其科学治理模式必然影响到知识治理模式。科学共同体在科学治理中形成的民主精神会推动公共治理的民主化。

另一方面是科学治理模式的变化。随着后学院科学和大科学时代的到来，“参与科学活动的主体的结构从单纯的科学共同体一元结构，发展到科学共同体、政府、企业、公众等共同参与的多元主体结构”①，政府、企业和公众都参与科学治理活动，科学治理主体从一元走向多元，彼此之间互相磋商和影响。但是，科学共同体借助于专业知识权威，容易成为科学治理中的学术权威和话语权占有者，成为各行为主体的核心。科学共同体在科学治理过程中应该发挥和传播民主精神，促进民主更好地发展和传播。政府、企业、公众和科学共同体在参与科学治理的过程中，彼此之间是观点表达、交流、磋商和达成共识的过程，有利于民主精神的培养。科学治理作为一种特殊领域的治理，虽然在历史上也曾经发生过专制和政治对科学的强力干预，但是在历史发展的主流中，科学治理是作为民主治理而存在的。在对科学知识生产的多元治理中，科学共同体的权利在一定程度上受到了约束，但是科学共同体也获得了把科学精神和民主精神传播给其他行动者的有利机会，从而为科学发展营造更好的社会和政治环境，促进社会发展。

第三节　社会秩序建构的参与者

古希腊的社会秩序是由自然法则所决定的，中世纪的社会秩序是由神学理论所决定的，文艺复兴以来，人的理性成为社会秩序的核心。不同的学科知识和行动者在相互作用中，建构着社会秩序。科学知识，作为人的

① 程志波，李正风．论科学治理中的科学共同体 [J]. 科学学研究．2012, 30(2): 225-231.

理性最杰出的代表作之一，在社会秩序的建构中发挥着重要作用；科学共同体作为科学知识的生产者，积极参与着公共事务治理。

一、科学知识与社会秩序的共生

科学虽然往往被认为是一种独特的独立的社会建制，但是它首先是一种社会活动，是人类社会中一系列行为中的一个行为。[①]科学研究只有在一定文化和社会秩序中才能获得发展。近代科学在英格兰诞生的时候，清教伦理是社会占主导地位的价值观，构成了科学研究广泛的社会价值和精神基础，使科学研究成为一种有尊严的、高尚的、神圣的社会活动。[②]清教徒和资产阶级对科学的诞生和发展提供了动力支持，把科学纳入到他们建立新的阶级结构和社会秩序的努力当中。

资产阶级通过科学改变着社会生产关系和生活方式，以符合自己预期的方式，建构着设想的社会秩序。一方面，近代科学知识生产方式符合资产阶级对新生活方式建构的需要。波义耳和霍布斯的争论，霍布斯代表的传统科学知识生产方式是从先验的公理和逻辑起点出发，经过无可辩驳的思辨推理，得出可靠的结论，在这个过程中，感官经验是容易出错和不可靠的，集体的见证是不可信的，只有先验公理和思辨推理是可靠的；波义耳代表的新的实验科学知识生产方式则是依赖感官经验的可靠性和集体见证的可信性，认为只有通过集体可见证的和可重复的实验，生产出的知识才是可靠的，强调每个人都具有平等的可见和推理能力，强调集体共识的重要性。实验科学家，即近代科学诞生时在争论中获得胜利的近现代意义上的科学家，不仅证明了实验是生产科学知识的有效途径，而且证明了实验科学能够提供道德公民的模范。[③]实验科学的胜利是资产阶级生活方式

① 巴伯. 科学与社会秩序[M]. 顾昕，郑斌祥，赵雷进译. 北京：生活·读书·新知三联书店，1991: 2.

② Merton R K. The Sociology of Science: Theoretical and Empirical Investigations[M]. Chicago: The University of Chicago Press, 1973: 228–229.

③ Shapin S, Schaffer S. Leviathan and the Air-Pump: Hobbes, Boyle, and the Experimental Life[M]. Princeton: Princeton University Press, 2011: 341.

的胜利，是资产阶级建构生活秩序的重要工具。另一方面，科学所带来的生产力和生产方式的改变，符合资产阶级对生产力和生产方式的需要。以蒸汽机在社会中的广泛使用为标志的第一次工业革命，科学、技术与工业紧密结合，“科学家巡游各地举办讲座，讲授与工业革命相关的物理、化学和电力知识”，科技社团积极“传播科技知识、建立科技与工业的联合和组织科学教育”①，生产力获得了巨大发展，资产阶级在生产中得到更多的剩余价值和利润。以电力技术在社会中广泛使用为标志的第二次工业革命，使资本主义由自由竞争过渡到垄断阶段，资产阶级生产方式得到进一步巩固，对科学更加支持和依赖。资本主义社会秩序通过科学得到了不断稳固。

然而，科学知识生产和科学共同体不仅依赖于社会文化和社会秩序，而且在一定程度上独立于社会。随着科学给社会带来物质财富的增加、社会地位的升高，科学研究领域开始挑战既有的社会秩序。首先受到科学研究冲击的是社会伦理秩序。生物科学技术的发展使科学家破解了基因密码，具备了修饰基因、干预生殖过程和创造生命的能力，开始扮演上帝的角色，传统社会伦理认为的生命的起点、死亡的终点、人性、尊严，受到了挑战。人工辅助生殖技术打破传统家庭的构成，新生命的诞生可以不是两性的自然结合，也可以引入第三者的精子或卵子，传统观念在科学知识的新进展面前必须得到重新审视。与传统社会伦理观念的重构不同，科学知识对伦理观念的冲击是在跨国范围中进行的。科学家需要在科学研究与伦理和法律秩序中间持续寻找平衡点，科学研究受到了伦理和法律等社会秩序的约束，同时也通过伦理和法律在重构着全球社会秩序。

其次，科学研究挑战了既有社会经济秩序。科学知识一直在促进社会经济发展，但是在工业社会及其经济秩序下，科学研究主要强调学术价值，科学知识生产与经济之间并没有直接的联系，科学共同体遵循公有主

---

① 赵文媛，苟月. 科学与工业——论第一次工业革命时期的英国科技社团 [J]. 科学管理研究，2016, 34(1): 117−120.

义和无私利性，关注的重点是同行评价和学术声誉，并不关注生产出的科学知识所蕴含和带来的经济效益。然而，在后工业社会，或者说知识社会，基础研究与应用研究的界限在模糊，越来越多的商品生产部门只有以科学知识为基础才能保有竞争力[①]，改变了市场竞争和经济秩序的环境；科学知识具有的潜在经济价值受到包括科学家在内的人们的关注，科学知识成为商品、资本和财产，大学和研究所成为产业创新和经济增长的推动者和经济活动场所。科学研究领域的扩大重新界定着专利的含义和可申请专利的范围，科学家和研究者开始申请专利，成为知识产权和经济生产领域中新的行动者，成为新崛起的经济精英，重构了经济活动的参与者及其竞争能力。科学从 15 世纪到 19 世纪的发展经历了从社会经济中索取到促进和创造经济发展，到 20 世纪下半叶已经开始重构社会经济秩序。

再次，科学知识对政治秩序也产生了影响。在 20 世纪以前，知识与权力并没有太大的关系，虽然柏拉图认为只有拥有真理知识的哲学王才能统治世界、培根提出“知识就是力量（权力）”，但是，总体来看，知识生产者具有一定程度的独立性，知识对政治秩序并没有形成重要的影响。20 世纪中叶开始，随着知识社会的逐渐形成和到来，科学知识渗透到社会的方方面面，科学知识在公共决策中发挥的作用日益增加，科学家开始进入政府咨询和决策机构参与公共决策。一些科学家开始进入政治领域，积极解决政治问题。科学知识正在影响政治秩序的重构。

事实上，科学知识与社会秩序一直处于共生的关系。在 20 世纪以前，科学知识主要以符合人们预期的、社会秩序要求的方式在发展，是人们建构社会秩序的工具。20 世纪，尤其是 20 世纪中叶以后，科学知识在伦理、经济和政治上产生的影响开始超出人们生产科学知识之前的预期，它不再仅仅是对自然的一种研究结果和达到实用目的的工具，而且以一种相对独立的态势冲击着人们既有的社会秩序和观念，成为一种探索和创建规则

① Etzkowitz H, Webster A. Science as intellectual property[M]//Jasanoff S, Markle G E, Petersen J C, et al. Handbook of Science and Technology Studies. Rev. ed. Thousand Oaks: Sage Publications, 1995: 480–505.

的、相对独立的客观因素，影响着社会秩序的建构。

二、科学共同体对社会公共事务的参与

20世纪40年代起，一大批科学家登上政治舞台，参与到公共科技决策当中；20世纪70年代后期，卫生、环境、石油等社会公共事务中所需专业化知识的日益增加，越来越多的科学家参与到科技政策之外的社会公共事务当中。[①]21世纪以来，科学共同体参与社会公共事务领域的广度和深度都在持续增加，促进了公众对科学和社会公共事务的理解，推动了和谐社会秩序的构建。

科学共同体对社会公共事务的参与有助于公众对科学知识的全面理解，提高公众对科学和相关政策的认识和理解。科学知识和科学共同体在公众中形成的形象，主要是由科学知识运用所产生的物质成果的丰富程度及其是否符合公众的心理认知和心理文化所决定的，"科学""科学知识""科学家"和"科学共同体"在公众中都是带有晕轮效应的词语。文艺复兴和科学革命把科学知识生产建构为一种把人类从宗教中解放出来、超越烦琐无效的理论争论、真实反映大自然的客观活动，科学知识被建构为认识论上的真理和人类进步的力量，是打破旧社会和旧秩序的代表。自从启蒙运动开始，科学在公众中的形象就等同于社会进步，等同于从传统和迷信中的道德解放，科学知识在公共话语中处于主流的和神圣的角色。[②]伴随着科学研究取得重大成就及其在社会发展方面的促进，"科学在整个人类意识形态体系中的权威地位日益得以巩固"[③]，科学代表了正确的和好的，成为一种价值判断。但是，20世纪中叶开始，随着科学知识社会效果负面作用的出现，科学的传统形象受到了质疑，相应的科学理性、科学方法和

---

① 汝鹏，苏竣. 科学、科学家与公共决策：研究综述 [J]. 中国行政管理，2008(9): 111−117.

② Fuchs S. The Professional Quest for Truth: A Social Theory of Science and Knowledge[M]. Albany: State University of New York Press, 1992: 1.

③ 金俊岐，胡杨. 科学中的权威与权威的科学——默顿传统科学社会学中的科学权威问题述评 [J]. 河南师范大学学报（哲学社会科学版），2000, 27(4): 33−37.

科学的价值都受到了公众的怀疑和攻击，科学被认为是一系列社会灾难的根源。科学共同体发现公众对科学的兴趣在减少，如果还有什么兴趣的话，那就是对公共政策中的科学证据进行质疑；在一些场合，公众甚至把科学家看作是公民社会的令人讨厌的行动者。[①] 在这种情况下，1985 年英国皇家学会发布了《公众理解科学》报告[②]，1989 年法国举办了首届公众科技传播会议，现代意义上的科学传播正式开始。

科学共同体对与科学相关社会公共事务的参与策略，影响了公众的知识体系、认知态度和对相关公共政策的判断和态度。不同国家的科学家对公共事务的参与和解决效果，影响着公众在与科学相关问题上的后续态度。不同国家的公众对转基因食品态度的变化是一个明显的案例。美国科学家在公众中一直保持着良好的形象，1999 年 5 月美国研究员发现转基因大豆可以杀死蝴蝶，美国国会、农业部、环境保护署多次举行听证会对转基因进行评估，2000 年 5 月美国科学院专家小组发布报告认为市场上销售的转基因产品是安全的，消除了公众疑虑，美国公众对转基因食品持反对态度的人数占全国人口数量的比例在下降；与此不同，20 世纪 90 年代末转基因食品引入欧洲时，欧洲科学家的形象正处于非常糟糕的时期，这是由于在 20 世纪 80 年代末开始的疯牛病危机中，科学家并未有效应对，因此欧洲公众对转基因食品持反对态度的人数占总人口的比例没有明显的变化。[③] 中国公众对转基因持反对态度人数的比例则经历了显著上升[④]，这与中国科学家在社会公众事务中反应不及时、态度不明确不无关系。科学共同体对公共事务的及时主动参与，不仅有助于公众对当时事件的认知和

① Yearley S. What does science mean in the "public understanding of science" [M]//Dierkes M, von Grote C. Between Understanding and Trust: The Public, Science and Technology. London: Routledge, 2000: 151–164.

② The Royal Society. The Public Understanding of Science[M]. London: The Royal Society, 1985.

③ 胡加祥 . 欧盟转基因食品管制机制的历史演进与现实分析——以美国为比较对象 [J]. 比较法研究 , 2015(5): 140–148.

④ 贾鹤鹏 , 范敬群 . 知识与价值的博弈——公众质疑转基因的社会学与心理学因素分析 [J]. 自然辩证法通讯 , 2016, 38(2): 7–13.

理解，而且有助于公众对整个科学界和与科学有关的公共政策的支持。

科学共同体越来越多地主动参与到社会公共事务中，促进了不同观点之间的理性交流和和谐社会秩序的建构。在社会公共事务中，信息是影响公众认知、态度和决策的重要依据。在信息的传播过程中，一些人比其他人更积极主动地提供信息并加以评价，“能够非正式地影响别人的态度或者一定程度上改变别人行为”①，成为意见领袖。他们对社会公共事务进行描述、解读和赋予其道德、社会和政治含义，重构着公众心目中的社会公共事务的形象，影响了社会公共事务的解决方式。意见领袖虽然都宣称从公共角度出发，代表了公众利益，但是不同主体的意见领袖，由于其知识背景和社会背景不同，必会从自己所代表的群体视角出发，对社会公共事务发表看法。从公众利益和民主的视角看，意见领袖的主体应该包含不同利益的代表者。但是，事实上，意见领袖主要由记者、作家、学者、律师、商界精英、草根意见领袖、艺人明星组成，学者主要由经济学者、政法学者、人文和社会科学学者组成。②科学家作为科学知识的提供者，是大部分社会公共事务中蕴含的知识的提供者，在信息传播过程中却很少成为意见领袖，从而影响了公众对社会公共事务的完整认知和合理判断。科学共同体已经认识到发出自己的声音在和谐社会秩序建构中的重要性，开始积极行动起来，“包括多位诺贝尔奖得主在内的全球 3000 多名科学家联合签署声明（2000 年）支持农业生物技术”③，“百余名诺奖得主联名要求绿色和平组织停止反对转基因”④，“159 位英国皇家学会成员集体发声，称退欧会成为英国科学界的灾难”⑤等是明显的案例。

---

① 马宁，田儒雅，刘怡君等．基于动态网络分析 (DNA) 的意见领袖识别研究 [J]. 科研管理，2014, 35(8): 83−92.

② 童希．微博上的公共事务意见领袖 [D]. 上海：复旦大学，2013: 51−69.

③ 王积龙．全球生态危机背景下第三部门如何传播环保信息——绿色和平的新闻生产机制研究 [J]. 江淮论坛，2012(4): 141−147.

④ 澎湃新闻．百余名诺奖得主联名要求绿色和平组织停止反对转基因 [EB/OL]. (2016−06−30) [2017−03−12]. http://news.sciencenet.cn/htmlnews/2016/6/350039.shtm.

⑤ 财经网．英脱欧成功，或将重创本国科研 [EB/OL]. (2016−06−25)[2017−03−12]. http://china.caixin.com/2016−06−25/100958570.html.

科学共同体对社会公共事务的参与有利于对社会公共事务的理性监督和对政府公共治理行为的科学评价。科学知识在实验室中生产出来，具有严格标准的生产条件，是一种在理想化条件下才存在的产物；科学知识在传播和应用过程中，基本上不可能完全复制科学知识最初生产时的所有条件，这是科学实验难以精确重复的原因。社会公共事务是在非常复杂的、动态的社会条件下对科学知识进行运用，对科学知识运用效果的判断很容易超出最初的预期。科学共同体能够更容易和准确地发现社会公众事务中条件的变化对科学知识应用效果造成的影响，尤其是负面影响。“科学共同体作为科学知识的生产者、传播者和使用者，对科学发展规律以及科学知识的社会影响有准确而深刻的认识，高效信息传播技术又使科学家有机会及时获得各种时事信息，这使科学家对相关科学的公共事务的认识更加全面，也使科学共同体更有资格和能力评价和监督政府的公共管理行为”①。

前面章节通过对科学共同体获得社会身份的工具（科学知识）、面临的挑战、共识达成的分析，发现科学共同体在当代知识社会中的角色应该且正在发生改变，本章对此进行了研究。认为，基于科学共同体在知识生产和传播领域中呈现出显著的优势，科学共同体应该积极采取策略，成为知识生产和传播的领导者和推动者；由于科学知识呈现出显著的经验基础，科学知识往往成为持不同意见的人们之间沟通与合作的先导，科学治理在经验上也体现出更多的民主色彩，因此，科学共同体应该扮演民主的示范者和推动者的角色；随着科学知识对社会秩序影响的日益显著，科学共同体正在逐渐参与到公共事务的社会治理当中，科学共同体正在成为社会秩序建构的参与者。

---

① 程志波，李正风. 论科学治理中的科学共同体 [J]. 科学学研究，2012, 30(2): 225-231.

结论与展望

一、主要结论

通过上述研究，本书得出的主要结论是：科学知识观念和民主精神的演变促使科学知识走向民主化，科学理性和科学共同体的信誉受到质疑，科学共同体的知识生产方式和社会秩序处于新的建构过程当中；科学共同体通过内部民主磋商达成共识，通过与社会其他行动者民主磋商参与社会公共事务，科学知识与社会秩序在共生中演进，科学共同体的社会角色在发生转变。具体如下：

第一，知识与民主之间的关系是对立还是相容，不是先验决定的，而是由人们所持有的知识的观念和民主所存在的社会条件所决定的。从科学知识的角度看，近代科学诞生以前，不存在一种独立的科学研究传统，科学知识生产的动力源于日常生活需要、政治统治需要和满足好奇心，出于前两种原因生产出的科学知识的标准主要在于是否满足实际用处，并不需要民主讨论；出于最后一种原因生产出的科学知识的标准主要在于是否符合逻辑性、被认为是真理，并不受公众的关注，也与民主无关。近代科学诞生以后，科学被认为是认识论真理、具有绝对客观性，能够在任何地方任何时间得到重复，与民主无关。20世纪中叶以来，科学知识生产中的利益、权力、修辞等社会、政治和文化因素得到揭示，科学知识的形象从对自然的表征走向人与非人、自然与社会等多种行动者互相作用实践的产物，从而需要民主来保证科学知识的相对客观性。从民主的角度看，民主最初作为一种追求人人平等和自由的政治体制而出现，被严格限定在政治领域。随着社会的发展，经济和教育对政治领域产生巨大的影响，没有经济和教育的民主，就会严重阻碍政治民主的真正实现，经济民主和教育民主成为现实发展需要。随着社会职业和阶层的增加，社会结构日益复杂，社会异质化，民主进一步向社会领域扩展。20世纪下半叶以来，随着知识社会的到来，科学知识渗透到社会的方方面面，成为国家建设、社会发展和个人决策的基础因素，如果不能实现知识的民主，就会严重阻碍经济民主和政治民主的实现，知识民主成为民主发展的方向和民主的基础。当代科学知识在人们心中的形象和民主实现需要的条件，使得知识和民主互相需要，知识民主成为科学共同体、政府和公众生存的社会背景。

第二，科学共同体的认识规范和社会规范不是独立于社会而存在的，科学共同体享有的自治权利不是先验存在的，它们都是特定社会条件的产物，科学共同体的生存、发展策略和社会角色依靠特定时期的社会环境而确定。近代实验科学战胜传统思辨科学的主要原因在于，实验科学更加符合当时社会中占主导地位思潮的清教伦理精神和资本主义生活方式。追求客观真理和实证的科学共同体的认知规范和遵循普遍主义、公有性、无私利性、有组织的怀疑精神的科学共同体的社会规范，符合清教徒和资产阶级反对基于个人权威的传统制度、建立基于个人自由和平等的新秩序的愿望。科学知识的进步满足了社会发展的需要，科学共同体在社会中的地位得到提高，逐步获得了自治权利。20世纪初，随着科学知识在生产物质财富和促进社会发展中作用的进一步增强，科学方法开始入侵其他学科。但是，科学方法自身的有效性开始得到包括一些科学家在内的一些学者的质疑。科学方法的证实原则、科学观察的中立性、科学知识及其生产过程的中立性和客观性受到质疑和攻击，科学知识生产中的形而上学因素和地方性、情境性、偶然性因素得到揭示，科学共同体中的认知规范开始多样化。与此同时，科学知识生产和应用的时间在缩短、基础科学和应用科学的界限逐渐模糊，科学知识生产开始负载经济利益和政治利益，科学知识生产场所从学院走向学院、产业和政府三者并存，科学共同体传统的社会规范受到了挑战，开始出现与之相反的保密性、产业化、科层制等正在形成的新的社会规范。此外，科学知识社会应用的负面效果开始凸显，科学知识的有效性和科学共同体的诚信受到质疑，科学共同体的自治开始打开缺口，政府、公众、产业界都开始介入到科学治理当中。在当代新的社会环境中，科学共同体需要探寻和建构新的生存、发展策略和社会角色。

第三，科学共同体中的共识达成是一种民主过程，但是其蕴含的民主因素在不同历史时期得到凸显的程度不同。近代科学诞生之后，在真理科学观和累积科学观的指导下，科学研究被认为是个体科学家发现真理之后，其他科学家进行重复检验，最终科学共同体成员自动达成共识。20世纪上半叶，累积科学观受到了持续质疑，科学革命和范式科学观得到学者的关注和承认，人们发现社会因素同理性因素一样、非人客体与人一样，都在科学共同体共识达成中发挥着关键作用；科学共同体的共识不是不同科学家之间通过检验对方的科学知识生产过程而达成的，而是科学家之间、科学与社会、经济和政治之间磋商的产物，是一个彼此之间持续说服和被说服的过程。科学家之间的说服策略主要有基于数据修饰和语言修辞的期刊论文策略；借助于公开辩论、公开实验、对理论预言的公开检验和媒体向同行和公众展示成果的公共展示策略；凭借所掌控的研究经费和实验室、所处的社会地位或说服相关机构设置招标课题等方法，迫使同行进行那些可能达成与自己研究结论相同或类似的研究的资源压力策略。科学家之间可以基于科学知识共识程度高低和利益共识程度高低而形成四种共识形式。基于高度科学知识共识形成的科学共同体共识，仍然是当今科学共同体中最重要的共识形式；但是，基于高度利益共识形成的科学共同体共识，已经成为当今科学共同体中占大多数的共识形式。经济和政治等利益因素在科学知识生产中的作用日益重要，科学家之间的分歧日益增多，且成为常态化的存在，科学共同体的共识达成过程不仅在事实上存在民主因素，而且需要民主的进一步发展。

第四，科学知识的时代特点和社会发展的历史情境共同决定了科学共同体在社会中的角色。近代科学的诞生使得科学成为一种独立的职业，17世纪出现了第一批自认为是科学家的人和第一批科学共同体，科学知识生产被建构为一种发现大自然真理的客观活动，社会的发展需要更多科学知识的支撑，科学共同体随之承担了科学知识生产者和传播者（大学教师）的社会角色。20世纪中期以来，科学知识生产被建构为一种充满利益和分歧、挑战传统伦理和社会秩序的（社会）建构活动，科学知识生产在自然界的宏观和微观层面、人类的精神和身体层面都在迅速扩大领域，科学知识既给人类带来了前所未有的巨大吸引力的希望，也给人类带来了前所未有的深深的恐惧，地方知识、人文学科知识和公众知识在公共决策中的正当性和社会发展中的有效性得到越来越多的重视，政府、公众和产业界都参与到科学知识和公共知识生产中，科学共同体在当代知识民主环境中必须发挥新的作用，促进科学知识进步和社会发展。科学共同体首先要促进科学知识与其他知识的理性、日益增多且有效的交流，发挥长期以来在知识生产中的优势，改正缺点，成为知识生产和传播的领导者和推动者。其次，科学知识生产、科学精神和科学文化的建构、科学治理都既是科学共同体内部磋商，也是科学共同体与社会其他共同体之间磋商的一种民主实践过程，它们是民主的先行领域，且有助于民主精神的培育，科学共同体应该承担起民主的示范和推动作用。再次，科学知识生产在冲击既有社会秩序的同时，也受到既有社会秩序的约束，二者是一种互相塑造和共同演进的过程，社会公共事务的厘清和合理解决需要对科学知识的全面理解和评价，科学共同体需要成为社会秩序的参与者。

总之，当今社会已经进入知识民主社会，科学共同体面临的机遇和挑战并存，他们应该且必须转变自己的社会角色，突出和更好运用科学知识中的民主因素，促进科学进步和社会发展。

二、研究展望

科学知识是改造世界的力量，民主是人类追求的价值，时代的发展使得二者联姻，这是一个跨学科、对科学知识生产、传播和应用以及民主的观念和实践具有重要影响的问题。科学共同体作为其中的一个重要行动者，其社会角色的形成，影响到国家建设、社会秩序建构和人类发展前景，涉及多元行动者的信念和利益。本研究过程中，鉴于研究资源的限制和笔者研究能力的不足，还存在一些非常有意义且重要的问题没有得到充分讨论，需要在以后研究中进一步深入、展开和推进。

第一，科学知识民主化的认识论问题。20 世纪以来，历史认识论、社会认识论、科学实践哲学、公民认识论分别从科学史、科学认知主体、科学实践、科学知识的受众视角进行了相关研究，它们构成了科学知识民主化中认识论问题的主要学术脉络，它们在何种程度上挑战了传统科学认识论？科学知识带来的哪些问题是由认识论造成的，多元主体参与能解决什么问题？

第二，科学共同体的社会角色与国家治理体系和治理能力现代化的问题。在当代知识社会中，知识成为国家治理的基础。在过去的几十年中，公众日常经验知识和地方性知识的有效性得到验证，科学知识的风险性受到人们持续关注，科学共同体与公众，甚至与政府之间的关系，出现很大变化。国家治理体系和治理能力现代化对科学共同体的社会角色提出了哪些新的要求？科学共同体作为传统的占优势地位的知识生产主体，自身社会角色的选择与建构对国家治理体系和治理能力现代化产生了何种影响？

第三，科学共同体社会角色的统一性和多样性问题。科学共同体具有不同的层次和分类，需要分析不同学科、不同社会和政治环境、不同案例中的具体科学共同体的具体社会角色，对其进行分类研究。

后　　记

本书是我近年来研究成果的一个小结。2014 年我考入中国科学院大学人文学院哲学系攻读博士学位，师从尚智丛教授。尚老师当时主要研究方向之一，是科学知识中的民主问题，并准备在该问题上申报国家社会科学基金重点项目。该问题与我之前的学习和研究基础比较契合，我于是参与到项目申报和研究中，并进行了博士论文选题和写作。2017 年我进入河南师范大学科技与社会研究所从事教学科研工作，继续进行相关研究。本书是在博士论文基础上，结合后续研究，修订完善而成。

本书以《科学共同体在知识社会中的角色》为标题，但是本书有一半的篇幅在谈论科学知识的社会形象和科学知识的民主化问题，这是因为科学共同体作为一种社会共同体，其社会角色是在特定时空条件下形成和发展的。当代知识社会中，科学知识呈现出飞速发展之势，不仅仅是科学共同体更多地关注科学知识，公众、政府、企业等也前所未有地表现出对科学知识的浓厚兴趣，媒介的发展、公众教育程度的提高、信息公开等各种力量的结合，对科学知识和社会发展产生了深刻影响。正是这种新的社会环境促使科学共同体形成新的社会角色。

由于作者水平有限，错误以及疏漏与不足之处在所难免，恳请读者批评指正，提出并进行讨论。（E-mail: tianjiale@htu.edu.cn）

本书中的一些内容已发表，其中第五章第二部分与尚老师共同发表，

第四章第三部分与田喜腾共同发表。本书主体研究内容得到了国家社科基金重点项目（15AZX007）的支持，还有些内容先后得到了国家社科基金一般项目（16BGL008）、河南省哲学社会科学规划项目（2016BZZ003）等项目的支持。本书的出版得到了河南师范大学学术专著出版基金、河南省高等学校哲学社会科学创新团队支持计划（2018-CXTD-01）的资助。感谢本书责任编辑邹聪老师和刘红晋老师在本书出版过程中付出的辛勤劳动。

田甲乐

2020年2月